VDE-Schriftenreihe **174**

# Zu den Autoren

Dipl.-Ing. **Wolfgang Hofheinz** wurde 1947 in Wissenbach/Hessen geboren. Nach dem Studium der Elektrotechnik an der Fachhochschule Gießen – heute Technische Hochschule Mittelhessen (THM) – begann er als Entwicklungsingenieur bei AEG Telefunken in Heilbronn. Im Jahr 1975 wechselte er zur Firma Bender in Grünberg; wurde dort Entwicklungsleiter, Betriebsleiter und Prokurist. 1995 wurde er dort zum Technischen Geschäftsführer ernannt; diese Tätigkeit führte er bis zu seinem Ruhestand im Dezember 2014 aus. Bis 2016 war Wolfgang Hofheinz als ehrenamtlicher Mitarbeiter in vielen nationalen und internationalen elektrotechnischen Normengremien (DKE, ZVEI, CENELEC, IEC, NFPA, ESTA, ASTM, UL) tätig; davon 30 Jahre bei IEC TC 85 als Convenor der WG 8. 2006 wurde er mit dem „IEC 1906 Award" ausgezeichnet. Von Anfang 2011 bis Ende 2014 hatte er das Amt des Vorsitzenden der DKE Deutsche Kommission Elektrotechnik, Elektronik und Informationstechnik in DIN und VDE inne. Die DKE verlieh ihm im Jahr 2008 die silberne Ehrennadel. 2014 wurde er mit der DKE-Nadel in Gold für seinen lebenslangen Einsatz zum Schutz gegen elektrischen Schlag ausgezeichnet. In seinem Ruhestand ist Wolfgang Hofheinz weiterhin als Buchautor und technischer Berater tätig.

M. Eng. **Dennis Haub** wurde am 1985 in Gießen/Hessen geboren. Nach zwei dualen Studiengängen der Elektrotechnik an der Technischen Hochschule Mittelhessen arbeitete er als Entwicklungsingenieur bei der Firma Bender in Grünberg. 2016 wechselte Dennis Haub als Normungsmanager Elektromobilität in die DKE Deutsche Kommission Elektrotechnik, Elektronik und Informationstechnik in DIN und VDE bei der er neben der Projektleitung eines vom Bundeswirtschaftsministerium geförderten Projekts alle die Ladeinfrastruktur betreffenden nationalen, europäischen und internationalen Gremien im Bereich Elektromobilität als Referent begleitete. Seit November 2018 verantwortet Dennis Haub die Normung im Bereich Elektromobilität für die gesamte Bender Gruppe und ist Mitglied in diversen Gremien und Arbeitskreisen auf nationaler (DIN DKE), europäischer (CENELEC) und internationaler Ebene (ISO und IEC).

Dipl.-Ing. **Michael Zeyen** wurde 1962 in Wilhelmshaven geboren. Nach dem Maschinenbaustudium, Fachrichtung Energietechnik, begann er 1988 seine berufliche Laufbahn innerhalb der Automobilindustrie. Nach ersten Führungsaufgaben in den Bereichen Versuch und Entwicklung wurde er 1998 mit dem Aufbau der Hella-Behr Fahrzeugsysteme betraut und übernahm 2000, ebenfalls als CEO, den internationalen Ausbau der catem-Gruppe. Seit dieser Zeit ist er aktiv an der Entwicklung von HV-Komponenten für brennstoffzellen- und batterieelektrisch-betriebene Fahrzeuge beteiligt. Ende 2008 gründete Michael Zeyen die vancom GmbH & Co. KG und unterstützt seitdem mit einem Expertenteam Fahrzeughersteller und Systemlieferanten bei der technischen Umsetzung ihrer E-Mobilitätsstrategie. Schwerpunkte bilden dabei die Bereiche funktionale und elektrische Sicherheit sowie Zulassungsfragen. Michael Zeyen ist Mitglied im Vorstand des ZVEI und engagiert sich seit Jahren ehrenamtlich in der Normung. Als Vorsitzender des DKE GAK 353.0.2 setzt der sich für den Combined-Charging-Standard ein und ist auf europäischer Ebene als Convenor des CLC TC 69X/WG 2 für das DC-Laden zuständig. Auf IEC-Ebene ist er an der Normung des High Power Charging beteiligt.

VDE-Schriftenreihe Normen verständlich **174**

# Elektrische Sicherheit in der Elektromobilität

Grundlagen, Anwendung und Wirkungsweise
von Maßnahmen zum Schutz gegen elektrischen Schlag
in der Elektromobilität

DIN VDE 0100-100
DIN VDE 0100-410
DIN VDE 0100-530
DIN VDE 0100-722
DIN EN 61851-23 (VDE 0122-2-3)
DIN EN IEC 61851-1 (VDE 0122-1)
DIN IEC/TS 60479-1 (VDE V 0140-479-1)
ISO 6469-3, ISO 17409

Dipl.-Ing. Wolfgang Hofheinz
M. Eng. Dennis Haub
Dipl.-Ing. Michael Zeyen

2., neu bearbeitete und erweiterte Auflage

VDE VERLAG GMBH

ICS 13.260; 43.120; 91.140.50



**Bibliografische Information der Deutschen Nationalbibliothek**
Die Deutsche Nationalbibliothek verzeichnet diese Publikation in der Deutschen Nationalbibliografie; detaillierte bibliografische Daten sind im Internet über http://dnb.dnb.de abrufbar.

ISBN 978-3-8007-5284-3 (Buch)
ISBN 978-3-8007-5285-0 (E-Book)
ISSN 0506-6719



Satz: Text- und Software-Service Manuela Treindl, Fürth
Druck: Buch- und Offsetdruckerei H. Heenemann GmbH & Co. KG, Berlin
Printed in Germany 2020-07

# Vorwort

Angeregt durch die freundlichen Hinweise aus der Leserschaft der 1. Auflage und einer Vielzahl von Vorschlägen aus dem Expertenkreisen der Elektromobilität, haben sich die Autoren zu der Entwicklung einer 2. Auflage dieses Werks entschlossen.

Besonders aus dem Kreis der Normungskollegen und dem Kreis der Anwender von Normen der Elektromobilität, wurden uns wertvolle Hinweise gegeben. Fachlich unterstützt wurden wir von Kollegen aus Handwerk und Industrie.

Es ist das Ziel der Autoren mit dieser 2. Auflage einen erweiterten Kreis von Experten aus den Bereichen von Handwerk und Industrie anzusprechen. Die von den Fachleuten erwartete Zunahme von Elektrofahrzeugen benötigt viele Experten, heute und in der Zukunft, mit dem Wissen um das Thema „Schutz gegen elektrischen Schlag in der Elektromobilität“. Diese zukünftigen Kolleginnen und Kollegen möchten wir gerne ansprechen.

Erneut möchten wir Sie zum kritischen Lesen einladen mit der Bitte, ihre wertvolle Kritik, Anregungen und Vorschläge an uns heranzutragen.

Grünberg, im Juli 2020 *Wolfgang Hofheinz*

Gießen, im Juli 2020 *Dennis Haub*

Landau (Pfalz), im Juli 2020 *Michael Zeyen*

# Ein besonderer Dank

Die Recherche, das Zusammentragen, die Erfassung, die genaue Prüfung und die Zusammenstellung von Informationen sind langwierig und allein nur schwer zu schaffen. Auch bei dieser Ausgabe hatten wir viele helfende Hände und Augen. Ein großes Dankeschön geht deshalb an: unsere Kollegen aus den unterschiedlichen nationalen und internationalen Normengremien für ihr Fachwissen und die Unterstützung:

- Herrn *Michael Kreienberg*, unserem Lektor vom VDE VERLAG, für die Unterstützung bei der redaktionellen Bearbeitung des Manuskripts bis hin zum Buch;
- Herrn *Jürgen Hetzler*, vancom Landau, für die freundlichen Hilfen;
- den Freunden aus den verschiedenen Industriezweigen;
- den Freunden aus den verschiedenen Bereichen der Elektromobilität aus Industrie und Handwerk.

# Inhalt

# Einleitung

Betrachtet man die aktuelle Medienlandschaft durch die technische Brille, so vergeht kaum ein Tag, an dem nicht über „Deutschlands liebstes Kind – das Auto“ gesprochen wird. Leider sind aus Nutzersicht nicht nur erfreuliche Informationen mit dem Fahrzeug verbunden. Die Beleuchtung des globalen Einflusses von fossil angetriebenen Fahrzeugen auf die Klimaerwärmung, den Schadstoffausstoß und die damit verbundene gesundheitliche Beeinträchtigung der Menschen ist jedoch nicht der Inhalt dieses Buchs.

Denn die Elektromobilität steht unterschiedlich fokussiert in den Medien, meist nur dann, wenn von dem „Nichterreichen“ der gesetzten Ziele und den geplanten Stückzahlen die Rede ist. Jedoch sind die Vorstellungen der politisch Verantwortlichen meist stark abweichend von der Realität der Marktteilnehmer, sodass unterschiedliche Bewertungen häufig die Treiber von Negativberichten sind.

Die wissenschaftlichen Erkenntnisse zur Klimaerwärmung werden letztlich den weltweiten Nutzen der Elektromobilität verdeutlichen und damit auch die globale Markteinführung fördern.

Der Durchbruch der Elektromobilität wird dann gelingen, wenn die Einsicht für die Nützlichkeit, die technische Realisierung, die Verfügbarkeit der Ladeinfrastruktur und angemessene Preise durchgesetzt werden.

Nach Ansicht der Autoren dieses Buchs soll ein gesellschaftlich wichtiges Thema aufgegriffen werden, welches in den Medien nur eine untergeordnete Rolle spielt. Die Elektromobilität kann nur erfolgreich sein, wenn die elektrische Sicherheit für den Nutzer von E-Fahrzeugen gewährleistet ist. Die zukünftigen Nutzer von E-Fahrzeugen werden sich an Fachausdrücke wie Ladespannung, Ladestrom usw. gewöhnen müssen. Der Schutz gegen elektrischen Schlag muss im Fahrbetrieb, beim Laden, bei der Wartung in der Werkstatt und auch im Falle eines Unfalls sichergestellt werden.

Hierzu ist es notwendig, das hohe Schutzniveau aus dem Bereich der Hausinstallation auf den Anwendungsbereich der Elektromobilität zu übertragen und die dort geltenden Schutzmaßnahmen umzusetzen.

Dieses Buch fokussiert die Anforderungen an die elektrische Sicherheit von Ladestationen und batterieelektrischen Straßenfahrzeugen, die in Kapitel 3 beschrieben sind und durch wichtige Grundsätze aus dem Bereich der elektrischen Hausinstallation in den Anhängen C bis J ergänzt werden. Anhang K beschreibt die europäische Gesetzeslage für Ladesäulen und erläutert den Zusammenhang zwischen europäischen

Richtlinien/Verordnungen und harmonisierten Normen. Weiterhin fasst Kapitel 2 die wichtigsten Grundlagen zu den aktuell vorliegenden Antriebsarten/Fahrzeugtypen und Ladetechnologien zusammen. Anforderungen an die Mechanik, Umwelt sowie elektromagnetische Verträglichkeit werden in diesem Buch nicht beschrieben.

Allgemein ist zu berücksichtigen, dass die in den Unterkapiteln geltenden Aussagen für das in Europa vorliegende Ladesystem, das sog. Combined Charging System (CCS) gelten.

Weiterhin gilt, dass die Normierung in aller Regel auf internationaler Ebene erfolgt und die internationalen Normen lediglich um europäische und nationale Deckblätter sowie Anhänge ergänzt werden.

Bezüglich der Normung für die Errichtung und den Betrieb elektrischer Niederspannungsanlagen sind aufgrund nationaler Besonderheiten die nationalen Normen zu beachten.

# 1 Allgemeine Hinweise zur elektrischen Sicherheit in der Elektromobilität

## 1.1 Allgemeines

Der Schutz gegen elektrischen Schlag ist nicht nur in der Elektromobilität von großer Bedeutung. In den letzten Jahrzehnten wurden bedeutende Erfolge in der Reduzierung von Elektrounfällen erzielt. Dies lässt sich mit den erheblichen Fortschritten in der Anwendung von elektrotechnischen Stromversorgungsanlagen, besonders im Haushaltsbereich, nachweisen. Doch letztlich erreichte man die Reduzierung von Elektrounfällen durch die Verbesserung der angewendeten Betriebsmittel in Kombination mit der nutzbringenden Umsetzung von normativen Vorgaben im Bereich der Niederspannung. Sowohl für den Bereich der Betriebsmittel als für die Errichtung und den Betrieb der Niederspannungsinstallation – in der die Betriebsmittel zum Einsatz kommen – finden heute zu einem großen Anteil internationale Normen der IEC (International Electrotechnical Commission) und ISO (International Organization for Standardization) Anwendung, die ins nationale Normenwerk überführt werden.

Die Spannungsebene der Niederspannung beschreibt dabei im Allgemeinen Stromversorgungssysteme mit Wechselspannungen von einem Wert unter 1 000 V oder Gleichspannungen von einem Wert unter 1 500 V.

Zur Umsetzung der normativ beschriebenen Schutzmaßnahmen wurden verschiedene Schutzvorkehrungen entwickelt, auf die im Zuge dieses Werks eingegangen wird. Ein Kernelement dieser Vorkehrungen stellen Schutzeinrichtungen dar, die für die in der Praxis vorliegenden Stromversorgungssysteme (TN, TT, IT) entwickelt wurden.

Ohne Frage spielte dabei die Markteinführung der Fehlerstrom-Schutzeinrichtungen (RCDs) eine bedeutende Rolle, die im Falle gefährlicher Berührungsspannungen den notwendigen Personenschutz durch Abschaltung sicherstellen.

Bei der Analyse von Elektrounfällen wurden Isolationsfehler häufig als Unfallauslöser identifiziert. Die Detektion solcher Isolationsfehler, welche in Werten von niedrigen Kiloohmwerten bis sehr hohen Megaohmwerten in der Praxis auftreten können, kann messtechnisch durch eine Differenzstromerkennung in aktiven Systemen oder durch Isolationsüberwachung in aktiven oder abgeschalteten Stromversorgungssystemen erfolgen. Diese Überwachungseinrichtungen bieten bereits vor dem Auftreten gefährlicher Berührungsspannungen die Möglichkeit präventiv einzugreifen, bevor es zur Notabschaltung kommt.

Soweit zur Anwendung der Elektrotechnik in Haushalt und Industrie der Vergangenheit bis zur Gegenwart. Was bedeutet dies für die Anwendung der Stromversorgung in der Elektromobilität?

Es gilt nun die Umsetzung der Wechselspannungsversorgungssysteme mit den normativen Vorgaben von Schutzvorkehrungen und Schutzmaßnahmen (siehe Anhang I) in die Anwendung der Elektromobilität, mit bedeutenden Gleichspannungsanteilen, umzusetzen.

## 1.2 Hinweise zu den angewendeten Wechsel- und Gleichspannungsgrößen

In der Elektromobilität variieren die Betriebsspannungen in weiten Bereichen. Dies ist durch die Kombination von Wechselspannungssystemen beim Laden und den Batterie-Gleichspannungssystemen der Fahrzeuge bestimmt. Typische Batteriespannungswerte der Fahrzeuge liegen aktuell bei rund DC 400 V, zunehmend kommen aber auch deutlich höhere Bordnetzspannungen zum Einsatz. Aktuell im Aufbau befindliche, besonders leistungsstarke DC-Ladestationen decken in der Regel bereits heute einen Spannungsbereich bis 920 V ab. Perspektivisch ist zu erwarten, dass die obere Grenze des Niederspannungsbereichs (AC 1 000 V und DC 1 500 V) ausgereizt wird.

## 1.3 Hinweise zu den angewendeten Stromversorgungs- und Ladesystemen

In den folgenden Kapiteln (siehe Kapitel 2.2 bis Kapitel 2.3) werden die Stromversorgungs- und Ladesysteme beschrieben. In Ergänzung zu den später aufgeführten Normen der Elektromobilität wird dabei auf die sichere Anwendung im Haushaltsbereich hingewiesen, um daraus geeignete Schutzmaßnahmen der Elektromobilität abzuleiten. Insbesondere sind dabei die in der Errichtungsnormung gesammelten Erfahrungswerte hinsichtlich der Auslegung von Abschaltzeiten, Leiterquerschnitten und zulässigen Fehlerströmen zu beachten.

## 1.4 Hinweise zum Schutz vor Berührungsströmen durch Isolationsfehler und Fehlerströme

Wie in Kapitel 1.1 beschrieben, ist die Beherrschung von Isolationsfehlern und Fehlerströmen in elektrischen Anlagen von großer Bedeutung. Natürlich gilt dies auch in der Anwendung der Elektromobilität – ganz besonders bei der Betrachtung von gleichzeitigen Fehlern in Wechselspannungs-Stromversorgungssystemen mit verbundenen Batteriesystemen der Elektrofahrzeuge. Hier ist es von großer Wichtigkeit, dass z. B. Schutzeinrichtungen der Wechselspannungssysteme nicht durch Isolationsfehler auf der Gleichspannungsseite in ihrer Schutzfunktion beeinträchtigt werden. Da der Verbund von Wechselspannungssystemen mit Gleichstromsystemen in der Zukunft der Elektromobilität vermehrt auftreten wird, ist diesen Fehlersituationen von Entwickler und Herstellerseite besondere Aufmerksamkeit zu schenken.

## 1.5 Hinweise zur elektrischen Sicherheit im Fahrbetrieb

Auch hier gilt der Hinweis auf das folgende Kapitel 3.1.1, jedoch soll bereits einleitend auf die Besonderheiten der Stromversorgung im Elektrofahrzeug hingewiesen werden. Im Fahrbetrieb bewegt das Elektrofahrzeug mit seiner Batterie in der Regel ein isoliertes, daher nicht mit einer Erdungsanlage verbundenes Stromversorgungssystem, von A nach B. Dass das Elektrofahrzeug im Fahrbetrieb nicht mit einer Erdungsanlage verbunden sein kann, ist selbstredend. Solche Stromversorgungssysteme kennen wir im o. g. Haushalts- oder Industriebereich als Systeme mit Schutztrennung – diese sind jedoch nur als Wechselspannungssysteme mit einer Spannungsobergrenze von AC 500 V normativ beschrieben.

Nicht geerdete Wechsel- oder Gleichspannungssysteme mit höheren Spannungen werden nach DIN VDE 0100-410:2018-10 als IT-Systeme bezeichnet. An dieses Stromversorgungssystem sind jedoch besondere Anforderungen an den Erdungswiderstand gegeben – den wir beim fahrenden oder stehenden Fahrzeug nur rudimentär über den Reifenwiderstand bestimmen können. Vielleicht wäre hier die Vergabe eines neuen Systemnamens z. B. II-System zielführend. Ein Hinweis zu diesem System sei noch genannt: Auch der möglichen Berührung eines stehenden Elektrofahrzeugs durch eine Person auf leitendem Boden und den dadurch möglichen – meist kleinen Fehlerströmen – muss Beachtung geschenkt werden. Die Überwachung dieser Systeme von der aktiven Spannungsseite zum metallischen Rahmen des Elektrofahrzeugs erfolgt in der Regel durch ein Isolationsüberwachungsgerät (IMD), welches dem

Fahrer Hinweise über reduzierte Isolationswiderstände des Stromversorgungssystems geben kann.

Bei der Auswahl der Schutzeinrichtungen gelten die allgemeinen anerkannten Regeln der Elektrotechnik, basierend auf der Grundlage der Vorgaben der Normen, welche für die Anwendung in der Elektromobilität entwickelt wurden. Gleiches gilt für die Auswahl der Überwachungseinrichtungen im Elektrofahrzeug. Details dazu sind in den entsprechenden Kapiteln dieses Buchs nachzuschlagen.

# 2 Grundlagen Elektromobilität

## 2.1 Antriebsarten/Fahrzeugtypen

Unter Elektromobilität versteht man den Personen- und Güterverkehr mittels Fahrzeugen, die mit elektrischer Energie angetrieben werden. Grundlegend lassen sich im für dieses Buch relevanten Bereich der E-Fahrzeuge mit externer Ladeschnittstelle die in **Tabelle 2.1** beschriebenen Technologien unterscheiden.

| Typ | Beispiele | Beschreibung |
|---|---|---|
| Plug-in Hybrid Electric Vehicle (PHEV) | Toyota Prius Generation 4 | Primärantrieb ist ein Verbrennungsmotor. Die Batterie kann von außen aufgeladen werden. |
| Electric Range Extender Vehicle (eREV) | BMW i3 Rex | Primärantrieb ist ein Elektromotor. Die Batterie muss von außen aufgeladen werden. Ergänzend kann über einen Verbrennungsmotor die Batterie im Fahrbetrieb nachgeladen werden. |
| Battery Electric Vehicle (BEV) | Tesla Model 3, X, Y, S, VW eGolf, VW ID3, BMW i3, Renault ZOE, Nissan LEAF I+II, Mercedes Benz EQC, Opel Ampera, Porsche Taican, Audi eTron | Primärantrieb ist ein Elektromotor. Die Batterie muss von außen aufgeladen werden. |

**Tabelle 2.1** Fahrzeugtypen E-Fahrzeuge mit externer Ladeschnittstelle

## 2.2 Ladetechnologien

### 2.2.1 Einleitung

Der Verbraucher ist es gewohnt durch einen Tankvorgang seines Fahrzeugs mit Verbrennungsmotor innerhalb von wenigen Minuten eine Reichweite von bis zu 1 000 km zu erzielen. Demzufolge stellt die für den Ladevorgang benötigte Zeit einen maßgeblichen Erfolgsfaktor dar, wobei aktuell von einem Verbraucherwunsch von 400 km elektrischer Reichweite ausgegangen wird. Um diese Reichweite in einer dem

Tankvorgang ähnlichen Zeit vorzunehmen, müsste man mit mehr als 1 MW laden, was basierend auf der aktuellen Batterietechnologie nicht möglich und aufgrund der hohen Wärmeverluste unwirtschaftlich ist.

Vor dem Hintergrund, dass gleichzeitig entsprechend der Aussage der „Nationalen Plattform Elektromobilität“ in Deutschland eine tägliche Durchschnittsfahrleistung von ca. 41 km[1] vorzufinden ist, werden normativ Ladeleistungen von wenigen Kilowatt bis zu 400 kW abgedeckt und Anforderungen für diesen breiten Leistungsbereich festgelegt.

Grundsätzlich wird zwischen dem Laden mit Wechselstrom (AC) und dem Laden mit Gleichstrom (DC) unterschieden. Die ebenfalls häufig anzutreffenden Begriffe „Normal- und Schnellladen“ sind in der EU-Richtlinie 2014/94/EU „Aufbau der Infrastruktur für alternative Kraftstoffe“[2] definiert und ergeben sich einzig aus den beim Ladevorgang angewendeten Ladeleistungen. So werden alle Ladevorgänge mit einer Ladeleistung von bis zu 22 kW als Normalladen klassifiziert, Ladevorgänge mit höheren Leistungen, vorwiegend als DC-Laden umgesetzt, werden hingegen als Schnellladen bezeichnet. Die Umsetzung in nationales Recht erfolgte im März 2016 durch die sog. Ladesäulenverordnung (LSV), die zuletzt im März 2017 durch eine Änderungsverordnung ergänzt bzw. verändert wurde. An dieser Stelle sei darauf hingewiesen, dass während der Erstellung dieses Buchs sich die EU-Richtlinie 2014/94/EU in Überarbeitung befindet, sodass auch mit einer Novelle der Ladesäulenverordnung im Jahr 2021 zu rechnen ist.

Bezüglich der Ladetechnologien werden bereits seit mehreren Jahren sicher und interoperabel leitungsgebundene/konduktive Ladesysteme errichtet. Außer diesen befinden sich leitungslose/induktive Systeme sowie Systeme mit Batteriewechsel in der Entwicklung. Nähere Details zu den einzelnen Ladetechnologien werden in den folgenden Unterkapiteln beschrieben.

### 2.2.2 Konduktives Laden

Das konduktive Laden stellt das technisch einfachste und zugleich normativ am weitesten definierte Ladeverfahren dar. Entsprechend der Bezeichnung wird die Energie mittels lösbarer Steckkontakte von der Ladeinfrastruktur über die Ladeleitung zum Fahrzeug transportiert. Der Fahrer des E-Fahrzeugs muss dabei die zum Laden

1 Quelle: http://nationale-plattform-elektromobilitaet.de/fileadmin/user_upload/Redaktion/NPE_Fortschrittsbericht_2018_barrierefrei.pdf

2 Quelle: https://eur-lex.europa.eu/legal-content/de/ALL/?uri=CELEX%3A32014L0094

notwendige elektrische Verbindung manuell herstellen, womit je nach gewünschter Ladegeschwindigkeit ein unterschiedlich hoher physischer Kraftaufwand aufgrund des Gewichts der Ladeleitung verbunden ist.

Weiterhin besteht eine besondere Herausforderung beim konduktiven Laden in der Gewährleistung einer hinreichenden Sicherheit und notwendigen Robustheit für den Betrieb mit in der Regel elektrotechnisch nicht unterwiesenen Personen. Das heißt, diese Personen sind in der Regel nicht in der Lage einzuschätzen, wann z. B. eine Ladeleitung aufgrund von Isolationsdefekten elektrisch nicht mehr sicher ist oder wann sich die elektrischen Kontaktelemente an ihrer Verschleißgrenze befinden und somit die Ladeleitung ausgetauscht werden muss. Durch eine geeignete Definition und Auslegung des Ladesystems sowie die Einhaltung der normativen Anforderungen lassen sich die technischen Risiken allerdings auf ein Minimum reduzieren.

Neben der Sicherheit sind zur Erreichung einer wünschenswerten, weltweit umfassenden Interoperabilität, d. h. eines einheitlichen Ladesystems für Wechsel- und Gleichstrom, für alle Fahrzeuge in allen Ländern noch umfangreiche Standardisierungsaktivitäten notwendig.

### AC-Laden

Das konduktive Laden mit Wechselstrom ist das einfachste und derzeit gängigste Ladeverfahren. Alle marktüblichen E-Fahrzeuge verfügen über ein eingebautes Ladegerät mit Gleichrichter, dass in Fachkreisen als „Onboard Charger" bezeichnet und in Deutschland mit einer Netzspannung von 230/400 V~/50 Hz versorgt wird. Eine solche elektronische Schaltung wird benötigt, um die netzseitige Wechselspannung in eine Gleichspannung umzuwandeln, mit der die Traktionsbatterie des E-Fahrzeugs aufgeladen wird. Dabei ist die Geschwindigkeit des Ladevorgangs innerhalb der Betriebsgrenzen der Batterie von der Höhe des Ladestroms und damit von der Leistungsfähigkeit des „Onboard Chargers" abhängig. Mit der Ladeleistung des „Onboard Chargers" steigen gleichzeitig das Gewicht sowie die Kosten im Fahrzeug, weshalb für höhere Ladeleistungen die DC-Ladetechnologie bevorzugt wird.

**Tabelle 2.2** fasst die für den Bereich der elektrischen Sicherheit relevanten Normen beim konduktiven Laden mit Wechselstrom zusammen.

Aufgrund der einfachen Technologie konnten in der Vergangenheit alle systemischen Anforderungen der Ladeinfrastruktur innerhalb des Standards DIN EN IEC 61851-1 **(VDE 0122-1)**:2019-12 harmonisiert werden, womit sich die weltweiten Systeme seitens der Infrastruktur beim AC-Laden im Wesentlichen nur durch die unterschiedlichen Steckgesichter unterscheiden. Diese sind in der Normenreihe DIN EN 62196-*x* **(VDE 0623-5-*x*)** beschrieben, wobei gemäß der in Deutschland seit dem Jahr 2017

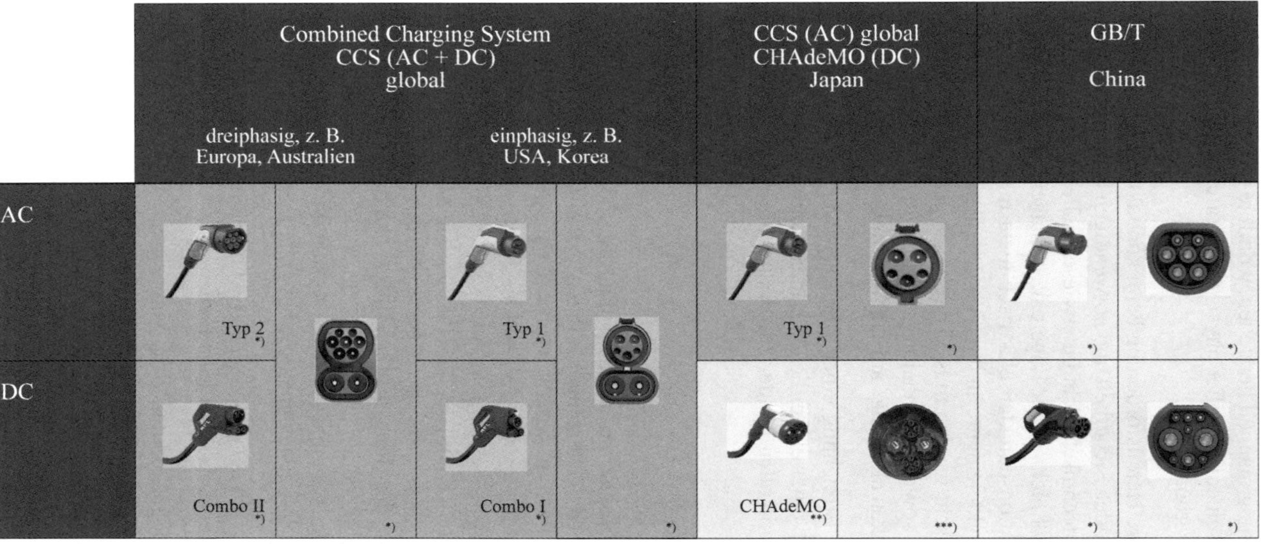


Quelle: * © Phoenix Contact; ** © Hasetech Power Electronics Prod. Dept.; *** © *Frédéric Massard* – stock.adobe.com

**Bild 2.1** Steckvorrichtungen AC/DC-Laden[3]

[3] The way of success of a global standard – Technology, Standardization, Organization. Charging Interface Initiative e. V. (CharIN e. V.) (Hrsg.). Berlin: Coordination Office CharIN, c/o innos-Sperlich GmbH, 2016. – https://docplayer.net/75115175-Charin-e-v-the-way-ofsuccess-of-a-global-standard-technology-standardization-organization.html

| Kategorie | Norm | Bezeichnung |
|---|---|---|
| Lade-einrichtung | DIN EN IEC 61851-1 **(VDE 0122-1)** | Konduktive Ladesysteme für E-Fahrzeuge – Teil 1: Allgemeine Anforderungen |
| Fahrzeug | ISO 17409 | Electrically propelled road vehicles – Conductive power transfer – Safety requirements |
| | ISO 6469-3 | Electrically propelled road vehicles – Safety specifications – Part 3: Electrical safety |
| Ladeleitung | DIN EN 50620 **(VDE 0285-620)** | Kabel und Leitungen – Ladeleitung für E-Fahrzeuge |
| Ladestecker | DIN EN 62196-2 **(VDE 0623-5-2)** | Stecker, Steckdosen, Fahrzeugkupplungen und Fahrzeug-stecker – Konduktives Laden von E-Fahrzeugen – Teil 2: Anforderungen und Hauptmaße für die Kompatibilität und Austauschbarkeit von Stift- und Buchsensteckvorrichtungen für Wechselstrom |
| Mode-2-Lade-einrichtung | DIN EN 62752 **(VDE 0666-10)** | Ladeleitungsintegrierte Steuer- und Schutzeinrichtung für die Ladebetriebsart 2 von Elektro-Straßenfahrzeugen (IC-CPD) |

**Tabelle 2.2** Relevante Normen AC-Laden

geltenden Änderungsverordnung zur Ladesäulenverordnung der sog. Typ-2-Stecker für öffentlich zugängliche Ladeeinrichtungen verpflichtend vorgeschrieben ist[4] (siehe **Bild 2.1**).

Wie das Schutzziel „Schutz gegen elektrischen Schlag" im Falle des AC-Ladens erreicht wird und welche Anforderungen an die einzelnen Elemente des Ladeverbunds gestellt werden, ist in Kapitel 3.3.1 näher beschrieben.

## DC-Laden

Das Laden mit Gleichstrom unterscheidet sich in erster Linie vom Laden mit Wechselstrom durch die Positionierung des Gleichrichters, der anders als beim AC-Laden in der Ladeinfrastruktur verbaut ist. Die Verlagerung der im Verhältnis zur AC-Ladetechnologie komplexeren und teureren DC-Ladetechnologie in die Infrastruktur ermöglicht es, leichtere und kostengünstigere Fahrzeuge am Markt anzubieten, wobei gleichzeitig die Kosten der Infrastruktur steigen.

Entsprechend des Abschnitts zum AC-Laden zeigt **Tabelle 2.3** eine Zusammenfassung aller für den Bereich der elektrischen Sicherheit relevanten Normen beim konduktiven Laden mit Gleichstrom.

4 Quelle: www.bmwi.de/Redaktion/DE/Artikel/Industrie/rahmenbedingungen-und-anreize-fuer-elektrofahrzeuge.html

| Kategorie | Normennummer | Bezeichnung |
|---|---|---|
| Lade-einrichtung | DIN EN 61851-23 (**VDE 0122-2-3**) | Konduktive Ladesysteme für E-Fahrzeuge – Teil 23: Gleichstromladestationen für E-Fahrzeuge |
| Fahrzeug | ISO 17409 | Electrically propelled road vehicles – Conductive power transfer – Safety requirements |
| | ISO 6469-3 | Electrically propelled road vehicles – Safety specifications – Part 3: Electrical safety |
| Ladeleitung | IEC 62893-4-1 | Charging cables for electric vehicles of rated voltages up to and including 0,6/1 kV – Part 4-1: Cables for DC charging according to mode 4 of IEC 61851-1 – DC charging without use of a thermal management system |
| Ladestecker | DIN EN 62196-3 (**VDE 0623-5-3**) | Stecker, Steckdosen, Fahrzeugkupplungen und Fahrzeugstecker – Konduktives Laden von E-Fahrzeugen – Teil 3: Anforderungen an und Hauptmaße für Stifte und Buchsen für die Austauschbarkeit von Fahrzeugsteckvorrichtungen zum dedizierten Laden mit Gleichstrom und als kombinierte Ausführung zum Laden mit Wechselstrom/Gleichstrom |
| | IEC/TS 62196-3-1 | Plugs, socket-outlets, vehicle connectors and vehicle inlets – Conductive charging of electric vehicles – Part 3-1: Vehicle connector, vehicle inlet and cable assembly for DC charging intended to be used with a thermal management system |

**Tabelle 2.3** Relevante Normen DC-Laden

Anders als beim AC-Laden werden beim DC-Laden innerhalb des für die infrastrukturseitige Ladeeinrichtung zuständigen Standards DIN EN 61851-23 (**VDE 0122-2-3**):2018-10 weltweit drei Systeme beschrieben, die auf einem gemeinsamen Hauptteil aufbauen. Entsprechend dieser drei Systeme wird auch innerhalb der Normenreihe für die Steckvorrichtungen DIN EN 62196-*x* (**VDE 0623-5-*x***) für das DC-Laden zwischen den in Bild 2.1 dargestellten vier Steckgesichtern unterschieden. Entsprechend des vorherigen Kapitels wird für die Errichtung öffentlicher DC-Ladeinfrastruktur in Deutschland die Verwendung der Combo-II-Steckvorrichtung gesetzlich nach Ladesäulenverordnung gefordert.

Hinsichtlich der Konzepte zum Erreichen des Schutzziels „Schutz gegen elektrischen Schlag“ beim konduktiven Laden mit Gleichspannung wird an dieser Stelle auf Kapitel 3.3.2 verwiesen.

### 2.2.3 Induktives Laden

Das induktive Laden beruht auf dem Prinzip einer drahtlosen elektrischen Energieübertragung, womit auf die manuelle Herstellung einer elektrischen Verbindung verzichtet werden kann.

Kernelemente der induktiven Energieübertragung sind zwei Spulen (Primär- und Sekundärspule), die nach dem Transformatorprinzip elektrische Energie mittels Induktion transportieren. Die Primärspule wird dabei fest im Boden eingelassen, während die Sekundärspule im Fahrzeug verbaut wird und möglichst exakt über der Primärspule positioniert werden muss.

Für einen sicheren Betrieb sowie zur Erreichung von Interoperabilität sind bei der induktiven Ladetechnologie weitere Normungsaktivitäten notwendig. Im Gegensatz zum konduktiven Laden gibt es beim induktiven Laden nach wie vor, über den gesamten Ladeverbund betrachtet, keine verabschiedeten internationalen Standards. Aktuell liegen die größten Herausforderungen in der Vereinheitlichung eines einheitlichen Lebewesen-, Metallerkennungs- und Positioniersystems, der Einhaltung der geltenden EMV-Vorschriften sowie der noch ausstehenden Frequenzvergabe durch die ITU.

Durch aktuelle Entwicklungen und initiierte Normungsprojekte zum konduktiven Laden mit automatisierten Stecksystemen ist fraglich, ob die induktive Ladetechnologie sich zukünftig durchsetzen wird. Beide Ansätze bieten im Vergleich zum konduktiven Laden einen gewissen Komfortgewinn, insbesondere durch den nicht notwendigen Nutzereingriff im Zuge einer automatischen Netzanbindung.

### 2.2.4 Batteriewechsel

In den letzten beiden Abschnitten wurden das konduktive und das induktive Laden vorgestellt, für die beide eine physikalisch bedingte Mindestladezeit in Kauf genommen werden muss. Eine Lösung dies zu umgehen stellt der komplette Austausch einer entladenen Batterie durch eine geladene dar.

Der Bereich der Nutzfahrzeugindustrie eignet sich optimal für den Einsatz von Batteriewechseltechnologien. Hier liegt der Fokus auf einer funktionalen und effizienten Erfüllung des Anwendungszwecks für das jeweilige Fahrzeugkonzept. Emotionale oder designspezifische Aspekte, wie in der Privatmobilität entscheidend, stehen beim ÖPNV nicht primär im Vordergrund.

Eine Standardisierung der oben angesprochenen Verbindungselemente und Batteriegrößen ist möglich. Normative Anforderungen an Batteriewechselsysteme werden in der Normenreihe DIN IEC/TS 62840-1 (**VDE 0122-40-1**):2017-06 und DIN EN 62840-2 (**VDE 0122-40-2**):2019-08 beschrieben.

### 2.2.5 Fazit: Systemansätze zum Laden

In den zurückliegenden Abschnitten wurden mit dem konduktiven Laden, dem induktiven Laden und dem Batteriewechselkonzept drei unterschiedliche Systemansätze zum Laden von E-Fahrzeugen beschrieben.

Aufgrund der großen Praxisrelevanz der manuell gesteckten, konduktiven Ladesysteme für Elektrostraßenfahrzeuge wird in den folgenden Kapiteln dieses Buchs ausschließlich auf die elektrischen Sicherheitsaspekte dieser Ladetechnologie eingegangen.

Die Autoren gehen davon aus, dass insbesondere durch die notwendige Elektrifizierung schwerer Nutzfahrzeuge zukünftig immer höhere Ladeleistungen abgerufen werden sollen. Ladeleistungen von perspektivisch 3 MW bedingen neue Schutzkonzepte, die es zu erarbeiten und in weiteren Auflagen dieses Buchs zu bewerten gilt.

## 2.3 Ladebetriebsarten

Im vorherigen Kapitel wurde bereits auf die große Bandbreite an unterschiedlichen Ladeleistungen vom Normalladen bis zum Schnellladen hingewiesen. Allgemein kann beim Laden eines E-Fahrzeugs davon ausgegangen werden, dass dieses versucht seine Batterie so schnell wie möglich aufzuladen. Die Ladeleistung wird im Fahrzeug durch das interne Lademanagement bestimmt, welches auf dem Batteriemanagement basiert.

Die sog. Lademodi oder Ladebetriebsarten sind in der für das konduktive Laden von E-Fahrzeugen erarbeiteten Basisnorm DIN EN IEC 61851-1 (**VDE 0122-1**):2019-12 definiert. Sie beschreiben den Betrieb des Fahrzeugs an der Ladestation und haben eine direkte Auswirkung auf das Ladeverfahren. Insgesamt werden vier unterschiedliche Ladebetriebsarten unterschieden, die in den folgenden Unterkapiteln beschrieben sind.

Grundsätzlich lassen sich Ladebetriebsart 1 und 2 sowie Ladebetriebsart 3 und 4 in zwei Gruppen zusammenfassen. Im Falle der Ladebetriebsarten 1 und 2 wird das E-Fahrzeug über die vorhandene Elektroinstallation (Steckdosen) geladen, während im Falle der Ladebetriebsarten 3 und 4 fest installierte Ladeeinrichtungen verwendet werden.

Allgemein gilt zu beachten, dass beim Laden eines E-Fahrzeugs dauerhaft hohe Ladeströme fließen können und eine Überlastung der vorliegenden Elektroinstallationen zu vermeiden ist. In jedem Fall sollte die vorhandene Elektroinstallation durch eine Elektrofachkraft geprüft und falls notwendig der Stromkreis entsprechend den Anforderungen nach DIN VDE 0100-722:2019-06 ertüchtigt werden.

### 2.3.1 Kommunikation zwischen Fahrzeug und Ladestation

Die Ladebetriebsarten 2, 3 und 4 erfordern immer eine Basiskommunikation zwischen der Ladeeinrichtung und dem E-Fahrzeug, über welche Informationen zu den grundlegenden Betriebszuständen ausgetauscht werden. Man spricht in diesem Zusammenhang auch von „gesteuertem Laden", bei dem die Steuerung/Kommunikation über zwei Kontaktpins: Die Kontroll-/Datenleitung CP (Control Pilot) und den Ladeleitung-Erkennungskontakt PP (Proximity Pilot/Plug Present) stattfindet:

- CP-Kontakt als Kommunikationsleitung: Über die Datenleitung CP teilt die Ladestation dem E-Fahrzeug mit, welcher Ladestrom max. zur Verfügung steht.
- PP-Kontakt zur Codierung der Ladeleitung: Über den PP-Kontakt können sowohl Ladestation als auch E-Fahrzeug erkennen, wie stark die angeschlossene Ladeleitung belastet werden darf. Im Stecker zum Fahrzeug sowie im ggf. vorhandenen Stecker zur Ladeinfrastruktur ist hierzu ein fester Widerstand zwischen PP und dem Schutzleiter eingebaut, dessen Wert angibt, welchen Querschnitt die Adern der Ladeleitung aufweisen.

Eine zusätzliche Kommunikation gemäß der Norm ISO 15118 ist bei den Ladebetriebsarten 3 und 4 vorgesehen. Bei Letzterer ist sie sogar zwingend erforderlich, um den Ladebetrieb aufzubauen. Diese High-Level-Kommunikation erlaubt den Austausch von zahlreichen Daten, wie z. B. Angaben zum Energiebedarf, der geplanten Dauer des Ladevorgangs sowie Informationen zum Preis und zur Abrechnung. Bei der Auswahl der Ladetechnologie im Zuge der Errichtung neuer Ladestationen sollten diese Möglichkeiten in Betracht gezogen werden.

### 2.3.2 Laden über die vorhandene Gebäudeinstallation

Das Laden über die vorhandene Gebäudeinstallation bedeutet, dass das E-Fahrzeug entweder über „Stecker und Steckdosen für den Hausgebrauch und ähnliche Anwendungen" oder über „Stecker, Steckdosen und Kupplungen für industrielle Anwendungen" ein- oder dreiphasig mit der bestehenden Installation des Gebäudes verbunden ist.

Im ersten Fall der „Stecker und Steckdosen für den Hausgebrauch und ähnliche Anwendungen“ gilt zu beachten, dass diese auch als Schutzkontaktstecker (kurz Schukostecker) bezeichneten Stecker in der Regel nicht dafür ausgelegt sind, einen max. Bemessungsstrom von 16 A zu tragen. Ebenfalls muss darauf geachtet werden, dass die verwendeten Steckdosen für den dauerhaften Ladestrom geeignet sind und die Stromkreise über die normkonforme Absicherung nach DIN VDE 0100-722:2019-06 verfügen. Die Nichtbeachtung der normativen Anforderungen führt zu thermischen Risiken, die beim Betrieb solcher Systeme zu berücksichtigen sind.

In den meisten europäischen Ländern mit Nutzung von 230/400-V-Dreiphasen-wechselstrom werden bevorzugt der blaue CEE-Steckverbinder (230 V) oder der rote CEE-Steckverbinder (400 V) in den Versionen für 16 A und 32 A verwendet.

Unter Berücksichtigung, dass die existierenden Installationen sehr unterschiedlich sein können und auch z. B. Verschmutzungen zu erhöhten Übergangswiderständen führen können, empfehlen die Versicherungen nach VdS 3471[5] den Ladestrom sowohl für die Ladebetriebsart 1 als auch für die Ladebetriebsart 2 auf 10 A zu reduzieren. In anderen europäischen Ländern gelten teilweise strengere Vorgaben, die teilweise im Anhang der Norm DIN VDE 0100-722:2019-06 als besondere nationale Bedingungen beschrieben sind.

Worin sich die beiden Ladebetriebsarten unterscheiden wird im Folgenden näher erläutert.

### Ladebetriebsart 1

Gemäß „Der Technische Leitfaden – Ladeinfrastruktur Elektromobilität – Version 3“[6] erfolgt das Laden bei dieser Ladebetriebsart ohne Kommunikation zwischen Fahrzeug und Infrastruktur (**Bild 2.2**).

> Da die Ladeschnittstelle sofort unter Spannung steht und keine eigenen Schutzmaßnahmen für diese Ladebetriebsart gefordert werden, ist zwingend eine Fehlerstrom-Schutzeinrichtung (RCD) in der bestehenden Elektroinstallation erforderlich. Weiterhin muss sichergestellt sein, dass das Fahrzeug als strombegrenzendes Element die Schutzeinrichtungen der Ladeinfrastruktur nicht zum Auslösen bringt.

---

5 Quelle: www.beuth.de/de/technische-regel/vds-3471/238799893

6 Quelle: www.dke.de/de/arbeitsfelder/mobility/technischer-leitfaden-ladeinfrastruktur-elektromobilitaet

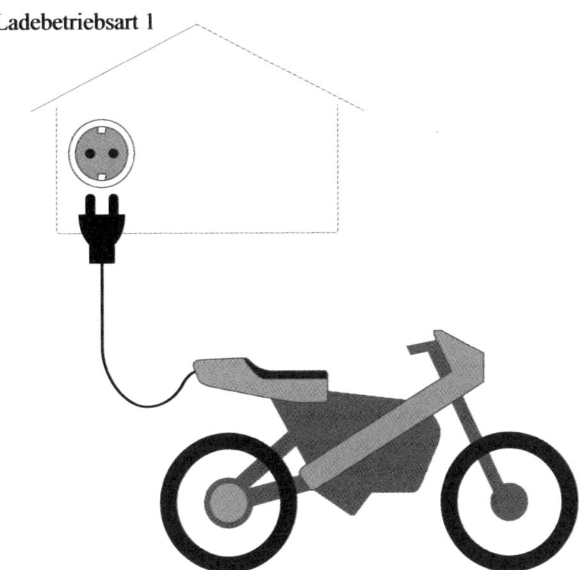


**Bild 2.2** Ladebetriebsart 1[7]

Da beides oftmals nicht garantiert werden kann, ist diese Betriebsart nicht empfehlenswert und in manchen Ländern gemäß DIN EN 61851-1 (**VDE 0122-1**):2019-12 (z. B. USA und Großbritannien) normativ untersagt.

Für Deutschland gilt dieser normative Ausschluss nicht, allerdings müssen nach DIN EN IEC 61851-1 (**VDE 0122-1**):2019-12 Leitungsgarnituren mit ortsveränderlicher Fehlerstrom-Schutzeinrichtung (en: Portable Residual Current Device; PRCD) verwendet werden. Dies geht auf Artikel 14 des deutschen Grundgesetzes (GG) zurück, der den Rahmen für die Bewahrung des Status quo bestehender elektrischer Anlagen vorgibt. Demnach kann nicht sichergestellt werden, dass ortsfeste elektrische Anlagen in Deutschland immer mit einer Fehlerstrom-Schutzeinrichtung (RCD) ausgestattet sind. Weiterhin gilt, dass mit dem Erscheinen von Ed. 2 der Fahrzeugnorm ISO 17409:2020-02 die Ladebetriebsart 1 implizit ausgeschlossen wird, indem alle Anforderungen für diese Betriebsart aus dem Standard gestrichen wurden.

Basierend auf der zuvor beschriebenen Sachlage wird Ladebetriebsart 1 innerhalb dieses Buchs nicht weiter betrachtet.

7 Quelle: www.dke.de/de/arbeitsfelder/mobility/technischer-leitfaden-ladeinfrastruktur-elektromobilitaet

## Ladebetriebsart 2

Im Vergleich zur Ladebetriebsart 1 befindet sich im Falle der Ladebetriebsart 2 (**Bild 2.3**) in der Ladeleitung eine Steuer- und Schutzeinrichtung („In-Cable Control and Protection Device“ (IC-CPD)), die über den CP-Kontakt mit dem Fahrzeug kommuniziert, die Sicherheit (Schutzleiterverbindung) überwacht und die Ladung steuert.

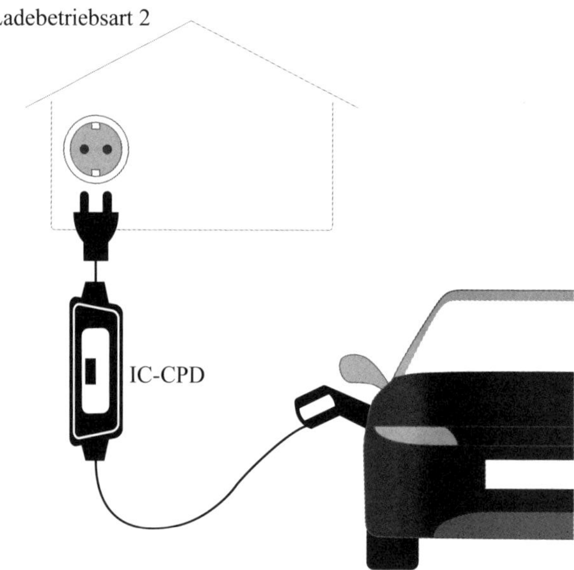


**Bild 2.3** Ladebetriebsart 2[8]

> Die IC-CPD ermöglicht den Schutz gegen elektrischen Schlag bei Isolationsfehlern für den Fall, dass der Kunde sein Fahrzeug an eine Steckdose anschließt, die bei der Errichtung nicht für das Laden von E-Fahrzeugen vorgesehen war.

Genauer ausgedrückt, ist in der Ladeleitung ist eine Steuereinheit, bestehend aus einer Fehlerstrom-Schutzeinrichtung (RCD), einem Leistungsschütz und dem Pilotsignalgenerator mit variabler Strombegrenzung integriert.

[8] Quelle: www.dke.de/de/arbeitsfelder/mobility/technischer-leitfaden-ladeinfrastruktur-elektromobilitaet

Über diese Strombegrenzung ist in Deutschland entsprechend der geltenden Produktnorm DIN EN 62752 (**VDE 0666-10**):2019-11 ein max. Ladestrom von 32 A für das ein- bzw. dreiphasige 230/400-V-Netz zulässig, wobei die strombegrenzende Komponente in der Regel der verwendete Stecker selbst darstellt. Bei Verwendung eines handelsüblichen Schukosteckers ist unter Umständen nur ein zeitlich begrenztes Laden bis zum max. Bemessungsstrom möglich. Neuere Mode-2-Ladeeinrichtungen verfügen über eine Temperaturüberwachung im Stecker, um das Risiko einer thermischen Überlastung zu reduzieren.

Zusammenfassend ist das Laden nach Mode 2 de facto überall möglich. Für das dauerhafte Laden eines E-Fahrzeugs wird jedoch die Verwendung einer fest installierten Ladeeinrichtung nach Ladebetriebsart 3 oder 4 empfohlen.

Vor diesem Hintergrund wird, entsprechend der Ladebetriebsart 1, die Ladebetriebsart 2 innerhalb dieses Buchs nicht weiter vertieft. Zahlreiche Aspekte der Ladebetriebsart 3 sind jedoch auch auf die Ladebetriebsart 2 übertragbar.

### 2.3.3 Laden über fest installierte Ladeeinrichtungen

In den Ladebetriebsarten 3 und 4 werden für den Anwendungsfall Elektromobilität entwickelte, fest installierte Ladeeinrichtungen mit speziell für E-Fahrzeuge entwickelten Steckvorrichtungen verwendet. Für die Ladesteuerung und Sicherheitsüberwachung kommuniziert das Fahrzeug direkt mit der Ladestation, womit die Verwendung potenziell untauglicher Steckverbindungen unterbunden wird.

#### Ladebetriebsart 3

Die Ladebetriebsart 3 (**Bild 2.4**) wird für das ein- bzw. dreiphasige Laden mit Wechselstrom bei fest installierten Ladestationen genutzt und stellt die gebräuchlichste Betriebsart beim Laden mit Wechselspannung dar.

Die Sicherheitsfunktionalität, inkl. Fehlerstrom-Schutzeinrichtung (RCD), ist in der Gesamtinstallation integriert, sodass nur eine Ladeleitung mit zweckgebundenem Stecker auf der Infrastrukturseite notwendig ist.

Grundsätzlich ist eine Ladeleitung entweder am Fahrzeug oder an der Ladesäule fest angeschlossen. Alternativ führt der Nutzer seine Ladeleitung beim Laden im Fahrzeug mit. Folgende Anschlussmöglichkeiten werden insgesamt unterschieden, die alle für Ladebetriebsart 3 möglich sind:

- Case A: am Fahrzeug fixierte Ladeleitung mit einem Stecker für die Infrastrukturseite am anderen Ende;
- Case B: freie Ladeleitung mit einem Stecker für die Infrastrukturseite und einer Fahrzeugkupplung für den Anschluss am Fahrzeug;
- Case C: fest an der Infrastrukturseite angeschlossene Ladeleitung mit einer Fahrzeugkupplung für den Anschluss am Fahrzeug.

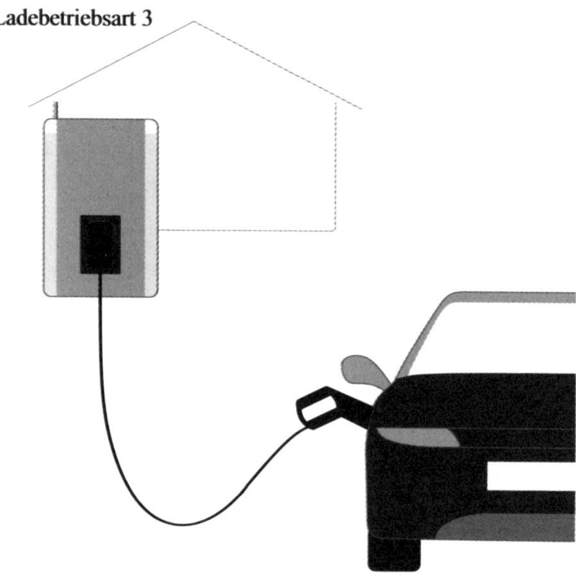


**Bild 2.4** Ladebetriebsart 3[9]

Nach DIN EN IEC 61851-1 **(VDE 0122-1)**:2019-12 ist eine Ladestation erforderlich, die in Form einer Ladesäule oder einer Heimladestation (Wallbox) ausgeführt werden kann.

Die Kommunikation zwischen Infrastruktur und Fahrzeug erfolgt über den CP-Kontakt innerhalb der Ladeleitung. Neben der für das Laden mit Wechselstrom erforderlichen Basiskommunikation empfiehlt sich für eine zukunftsfähige

[9] Quelle: www.dke.de/de/arbeitsfelder/mobility/technischer-leitfaden-ladeinfrastruktur-elektromobilitaet

Ladeinfrastruktur, die für das Laden mit Gleichstrom (Ladebetriebsart 4) zwingend erforderliche PWM-Kommunikation zu verwenden. Details hierzu sind im folgenden Abschnitt zur Ladebetriebsart 4 beschrieben.

Bei dieser Ladebetriebsart werden bei Verwendung der Typ-2-Steckvorrichtung nach DIN EN 62196-*x* (**VDE 0623-5-*x***) die Steckverbinder auf beiden Seiten der Ladeleitung verriegelt, womit ein unautorisierter Eingriff in den Ladeprozess nicht möglich ist. Der max. Ladestrom beträgt 63 A.

Zusammenfassend ist die Verwendung der Ladebetriebsart 3 für das Laden mit Wechselstrom zu empfehlen.

## Ladebetriebsart 4

Dieser Lademodus (**Bild 2.5**) ist dem Laden mit Gleichstrom vorbehalten. Hierfür wird dem Fahrzeug über den CP-Kontakt signalisiert, dass ein externes Ladegerät verwendet wird. Allgemein erfolgt die Basis-Ladekommunikation analog zur Ladebetriebsart 3 über den CP-Kontakt. Auf das mit 1 kHz getaktete PWM-Signal der Basiskommunikation wird mittels Power Line Communication (PLC) ein hochfrequentes Signal im Megahertz-Bereich aufmoduliert. Dieses dient zum gegenseitigen Austausch zahlreicher, weitergehender Informationen zwischen der Ladeinfrastruktur und dem E-Fahrzeug.

Ladebetriebsart 4

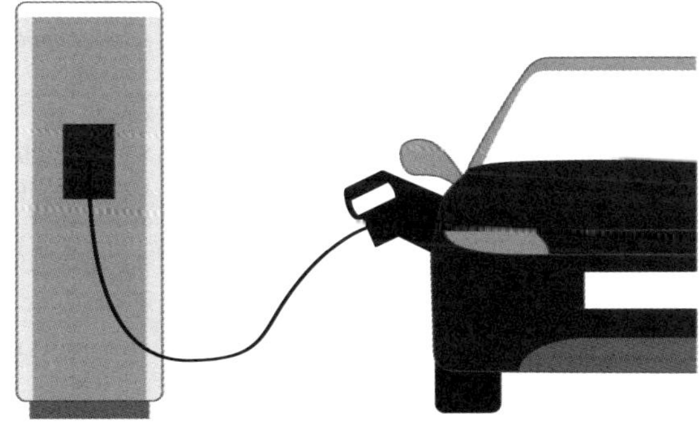

**Bild 2.5** Ladebetriebsart 4[10]

[10] Quelle: www.dke.de/de/arbeitsfelder/mobility/technischer-leitfaden-ladeinfrastruktur-elektromobilitaet

Die Anforderungen an die DC-Ladestation werden in der Norm DIN EN 61851-23 (**VDE 0122-2-3**):2018-10 festgelegt, wobei für die Steckvorrichtung die Normenreihe DIN EN 62196-*x* (**VDE 0623-5-*x***) gilt.

Die Ladeleitung ist fest mit der Ladestation verbunden, womit ausschließlich der Anschluss nach Case C möglich ist.

Weiterhin ist bei dieser Ladebetriebsart die Verriegelung der Ladesteckverbinder gegeben, womit ein Ziehen unter Last ausgeschlossen wird.

Zusammenfassend ist die Verwendung der Ladebetriebsart 4 für das Laden mit Gleichstrom zu empfehlen.

### 2.3.4 Zusammenfassung

**Tabelle 2.4** fasst die wichtigsten Fakten der vorherigen Kapitel zu den Ladebetriebsarten zusammen.

| **Lademodus** | | **Mode 1 (AC)** | **Mode 2 (AC)** | **Mode 3 (AC)** | **Mode 4 (DC)** |
|---|---|---|---|---|---|
| Kommunikation | | keine | zwischen Ladeeinrichtung (IC-CPD) und Fahrzeug | zwischen Ladeeinrichtung und Fahrzeug | zwischen Ladeeinrichtung und Fahrzeug |
| Verriegelung | | nur im Fahrzeug | nur im Fahrzeug | im Fahrzeug und an der Steckdose | im Fahrzeug; feste Leitung an Station |
| Steckvorrichtung auf der Installationsseite | | Haushalts- oder Industriesteckvorrichtungen | | Typ 2 nach DIN EN 62196-2 (**VDE 0623-5-2**) | Combo-II-Stecker nach DIN EN 62196-3 (**VDE 0623-5-3**)<br>IEC/TS 62196-3: 2020-03 |
| Leistung | 1~ (230 V) | max. 16 A, ≈ 3,7 kW | max. 32 A, ≈ 7,4 kW | max. 63 A, ≈ 14,5 kW | max. 500 A und 1 000 V ≈ 500 kW |
| | 3~ (400 V) | max. 16 A, ≈ 11 kW | max. 32 A, ≈ 22 kW | max. 63 A, ≈ 43,6 kW | |

**Tabelle 2.4** Ladebetriebsarten nach DIN EN IEC 61851-1 (**VDE 0122-1**):2019-12

# 3 Anforderungen der elektrischen Sicherheit

Zum Einstieg in das Thema der elektrischen Sicherheit in der Elektromobilität sind einige Abschnitte der „Deutschen Normungs-Roadmap Elektromobilität 2020“[11] im folgenden Kapitel aufgezeigt. Die Originaltexte sind in kursiver Schrift dargestellt. Die dort aufgezeigten Hinweise auf anzuwendende Normen finden sich später in anderen Kapiteln dieses Buchs in gekürzter Form und um die Erfahrungen der Autoren dieses Buchs ergänzt wieder. Zusätzlich wird darauf hingewiesen, dass nur die Auszüge der Normen zitiert werden, deren Schwerpunkt der Schutz gegen elektrischen Schlag ist.

*„Der Schwerpunkt der Roadmap im Bereich der allgemeinen Anforderungen liegt auf dem Gebiet der elektrischen Sicherheit. Die fahrzeugseitig sicherheitstechnischen Anforderungen an den Anschluss an eine externe Stromversorgung werden in der ISO 17409 festgelegt. Die erste Ausgabe dieser Norm wurde bereits Ende 2015 veröffentlicht. Um die Norm an die technischen Innovationen anzupassen, ist bereits eine Weiterentwicklung geplant, die bis 2020 kontinuierlich erfolgen wird. Die Norm DIN EN IEC 61851-1 (**VDE 0122-1**):2019-12, in der allgemeine Anforderungen an leitungsgebundene Ladesysteme beschrieben werden, wurde in einer ersten Version bereits 2002 fertiggestellt. Auch diese Norm wird kontinuierlich an technologische Innovationen angepasst. Die allgemeinen Anforderungen an Steckvorrichtungen für das Laden von E-Fahrzeugen sind in DIN EN 62196-1 (**VDE 0623-5-1**):2015-06 festgelegt.*

*Anforderungen für den Anschluss von Ladestationen an das elektrische Verteilnetz werden in der IEC 60364-7-722 „Errichtung von Niederspannungsanlagen“ spezifiziert. Diese für den sicheren Anschluss von Ladestationen wichtige internationale Norm ist bereits 2014 in einer ersten Ausgabe erschienen und wurde in das deutsche Normenwerk DIN VDE 0100-722:2019-06 übernommen.*

*Anforderungen an die elektrische Sicherheit für das Hochvolt-Bordnetz werden in ISO 6469-3:2018-10 spezifiziert. Diese Norm beschreibt Prüfungen von Maßnahmen zum Schutz von Personen gegen elektrischen Schlag. Zurzeit wird an der dritten Ausgabe gearbeitet. Dabei werden die Sicherheitsanforderungen auf die inzwischen über die ISO/PAS 19295 definierten Unterklassen der Spannungsklasse B (HV-Bordnetz) genauer abgestimmt. Mit dem Projekt ISO 21498 begann ein Normungsprozess, in*

[11] Verfasser: Nationale Plattform Elektromobilität (NPE), Berlin im April 2017; Herausgeber: Gemeinsame Geschäftsstelle Elektromobilität der Bundesregierung (GGEMO), Redaktion AG 4 – Normung, Standardisierung und Zertifizierung, Berlin

*dem Anforderungen an die Komponenten im HV-Bordnetz aufgestellt und die dazugehörigen Prüfungen beschrieben werden. Anforderungen an die elektrischen Leitungen im HV-Bordnetz sind in den Normenreihen ISO 6722 und ISO 19642 spezifiziert.*

*Die allgemeinen sicherheitstechnischen Anforderungen für die Ladeinfrastruktur werden in der Norm DIN EN IEC 61851-1* ***(VDE 0122-1)****:2019-12 beschrieben. Diese Norm bezieht sich auf alle in der Ladeinfrastruktur zum Einsatz kommenden Komponenten, wie die Ladeleitung, die AC- und DC-Wallboxen und -Ladesäulen sowie die Steckvorrichtungen. Für DC-Ladeeinrichtungen wurde die Norm DIN EN 61851-23* ***(VDE 0122-2-3)****:2018-10 erarbeitet, in der der Ladeablauf und weitere spezielle Anforderungen beschrieben sind. Die zum Verbinden eines E-Fahrzeugs mit der Infrastruktur erforderlichen Steckvorrichtungen für das AC-Laden sind in der DIN EN 62196-2* ***(VDE 0623-5-2)****:2017-11 spezifiziert. Für DC-Steckvorrichtungen gilt die DIN EN 62196-3* ***(VDE 0623-5-3)****:2015-05. Für beide Normen sind die in der DIN EN 62196-1* ***(VDE 0623-5-1)****:2015-06 aufgeführten allgemeinen Anforderungen verbindlich. Die in diesen Normen beschriebenen Steckvorrichtungen sind Teil des Combined Charging Systems (CCS) und wurden bereits in der EU-Richtlinie 2014/94/EU als Mindestanforderung für die Ausrüstung von Ladepunkten im öffentlich zugänglichen Raum festgelegt.“*

Grundsätzlich gilt, dass der Schutz gegen elektrischen Schlag sicherzustellen ist:

- im E-Fahrzeug beim Fahrbetrieb;
- im E-Fahrzeug beim Service;
- im E-Fahrzeug im Falle eines Unfalls;
- beim Laden des E-Fahrzeugs;
- innerhalb der Ladeinfrastruktur.

All dies gilt unter Berücksichtigung von:

- Art der Spannungssysteme und deren Toleranzen,
- Temperatur- und Umwelteinflüsse,

wobei der Schutz gegen elektrischen Schlag durch die Anwendung von Schutzmaßnahmen sowohl beim fehlerfreien Betrieb als auch im Fehlerfall erreicht wird.

## 3.1 Im Fahrzeug/Fahrbetrieb

In diesem Kapitel gilt der Blick der elektrischen Sicherheit im E-Fahrzeug mit den Betrachtungen zum Stillstand des Fahrzeugs und im Fahrbetrieb.

In den beiden erstgenannten Fällen ist die internationale Norm ISO 6469-3:2018-10 „Electrically propelled road vehicles – Safety specifications – Part 3: Electrical safety“ besonders zu beachten. Die Norm beschreibt die Sicherheitsanforderungen für Stromkreise von elektrischen Antriebssystemen mit Spannungsklasse B von elektrisch angetriebenen Straßenfahrzeugen. Es werden Anforderungen für den Schutz gegen elektrischen Schlag und gegen thermische Auswirkungen definiert.

Die Sicherheitsanforderungen im Falle eines Unfalls sind in Teil 4 der Normenreihe ISO 6469 beschrieben, während Teil 1 allgemeine Anforderungen an wiederaufladbare Energiesysteme für den elektrischen Fahrbetrieb (engl. „Rechargeable Energy Storage Systems“ (RESS)) festlegt.

Die grundsätzlichen Sicherheitsanforderungen des E-Fahrzeugs während der Verbindung mit Stromversorgungssystemen zum Laden beschreibt die Norm ISO 17409, was in Kapitel 3.1.2 dieses Buchs näher ausgeführt wird.

### 3.1.1 Anforderungen nach ISO 6469-3

In ISO 6469-3:2018-10, Abschnitt 4 werden die Spannungsklassen und ihre Bezeichnungen beschrieben, die in **Tabelle 3.1** dargestellt sind.

| Spannungsklasse | Bezeichnung |
|---|---|
| A | für Gleichspannung 0 V < $U \leq$ 60 V |
| | für Wechselspannung 0 V < $U \leq$ 30 V |
| B | für Gleichspannung 60 V < $U \leq$ 1 500 V |
| | für Wechselspannung 30 V < $U \leq$ 1 000 V (RMS) |
| B1 | für Gleichspannung 60 V < $U \leq$ 75 V |
| | für Wechselspannung 30 V < $U \leq$ 50 V (RMS) |
| B2 | für Gleichspannung 75 V < $U \leq$ 1 500 V |
| | für Wechselspannung 50 V < $U \leq$ 1 000 V (RMS) |

**Tabelle 3.1** Spannungsklassen gemäß ISO 6469-3:2018-10, Abschnitt 4

Die Anforderungen für die Spannungsklasse B1 basieren auf den Normen DIN EN 61140 (**VDE 0140-1**):2016-11, DIN IEC/TS 60479-*x* (**VDE V 0140-479-*x***) und DIN VDE 0100-410:2018-10. Die Spannungsbereiche der Spannungsklasse B1 sind harmonisiert mit der europäischen Niederspannungsrichtlinie, DIN EN 61140 (**VDE 0140-1**):2016-11 (für Wechselspannung) und DIN VDE 0100-722:2019-06.

Die für dieses Buch relevantesten Anforderungen zum Schutz von Personen gegen elektrischen Schlag sind in ISO 6469-3:2018-10, Abschnitt 6 beschrieben. Ergänzend dazu werden in ISO 6469-3:2018-10, Abschnitt 7 Anforderungen an Überstromschutz (Überlast und Kurzschluss) festgelegt. In ISO 6469-3:2018-10, Abschnitt 10 der Norm sind alle Testanforderungen beschrieben, auf die innerhalb dieses Buchs nicht näher eingegangen wird.

Als generelle Anforderungen für die Spannungsklasse B1 gelten:

- Begrenzung der Spannung auf die in Tabelle 3.1 genannten Werte;
- Anforderungen an den Basisschutz;
- zusätzliche Anforderungen.

Als generelle Anforderungen für die Spannungsklasse B2 gelten:

- Anforderungen an den Basisschutz;
- Anforderungen an den Fehlerschutz.

Für die Anforderungen an den Basisschutz gilt es entsprechend ISO 6469-3:2018-10, Abschnitt 6.2 der Norm grundsätzlich die Anforderungen an die Basisisolierung einzuhalten.

In ISO 6469-3:2018-10, Abschnitt 6.3 sind die Anforderungen an den Fehlerschutz und zusätzliche Maßnahmen beschrieben. Werden diese nicht umgesetzt, muss gemäß ISO 6469-3:2018-10, Abschnitt 6.5 dieser Norm eine Gefahrenanalyse durch den Hersteller zeigen, dass der Schutz gegen elektrischen Schlag unter Einzelfehlerbedingungen gewährleistet ist.

ISO 6469-3:2018-10, Abschnitt 6.3.1 beschreibt die Anforderungen an einen zusätzlichen Potentialausgleich. Demnach sind alle leitfähigen Teile von elektrischen Betriebsmitteln der Spannungsklasse B, die mit einem Prüffinger nach IPXXB berührt werden können, mit Chassis zu verbinden. Alle Komponenten, die den Potentialausgleichsstrompfad bilden (Leiter, Anschlüsse), müssen dem max. Strom im Erstfehlerfall standhalten. Weiterhin darf der ohmsche Widerstand zwischen zwei gleichzeitig berührbaren Teilen 0,1 Ω nicht überschreiten.

ISO 6469-3:2018-10, Abschnitt 6.3.2 beschreibt die Anforderungen an den Isolationswiderstand der elektrischen Stromkreise der Spannungsklasse B2, der mindestens 100 Ω/V für Gleichstromkreise und 500 Ω/V für Wechselstromkreise betragen muss.[12]

Um die obige Anforderung für die gesamte Schaltung zu erfüllen, ist es notwendig, für jedes Bauteil einen höheren Isolationswiderstand vorzusehen.

Falls elektrische Gleichstromkreise und Wechselstromkreise galvanisch verbunden sind, sind besondere Anforderungen der Norm zu erfüllen, die innerhalb dieses Buchs nicht näher aufgeführt werden.

Kann die Mindestisolationswiderstandsanforderung nicht unter allen Betriebsbedingungen und über die gesamte Lebensdauer eingehalten werden, so ist eine der folgenden Maßnahmen anzuwenden:

- Der Isolationswiderstand ist regelmäßig oder kontinuierlich zu überwachen und bei Verletzung der Mindestanforderung ist ein entsprechender Warnhinweis anzubringen;
- alternative Schutzmaßnahme nach ISO 6469-3:2018-10, Abschnitt 6.3.5.

Weiterhin sind gemäß ISO 6469-3:2018-10, Abschnitt 6.3.3 Anforderungen bei kapazitiver Kopplung und kapazitiver Entladung zu beachten. Demnach erfolgt die kapazitive Kopplung zwischen dem elektrischen Chassis und spannungsführenden Teilen eines Stromkreises in der Regel durch Y-Kondensatoren, die aus Gründen der elektromagnetischen Verträglichkeit verwendet werden. Zusätzlich zu diesen Kapazitäten müssen gegen Chassis wirkende, parasitäre Kapazitäten berücksichtigt werden, die beispielsweise durch die verbauten Batteriezellen selbst wirken.

Kann nach dem Auftreten eines Einzelfehlers ein Berührungsstrom zwischen einem stromführenden Teil eines Stromkreises der Spannungsklasse B und dem elektrischen Chassis auftreten, so gilt eine der folgenden Anforderungen:

- Die gespeicherte elektrische Energie zwischen einem spannungsführenden Teil der Spannungsklasse B und dem Chassis muss < 0,2 J betragen, und nach Entladung dieser gespeicherten Energie darf der Berührungsstrom 5 mA für einen Wechselstromkreis und 25 mA für einen Gleichstromkreis nicht überschreiten.
- Es müssen alternative Schutzmaßnahmen nach ISO 6469-3:2018-10, Abschnitt 6.3.5 verwendet werden.

---

12 Gemäß Normenreihe DIN IEC/TS 60479-*x* (**VDE V 0140-479-*x***) sind Körperströme innerhalb der Zone DC-2 oder Zone AC-2 nicht schädlich. Die aus 100 Ω/V für DC und 500 Ω/V für AC berechneten Ströme betragen 10 mA Gleichstrom bzw. 2 mA Wechselstrom und liegen innerhalb dieser Zonen.

ISO 6469-3:2018-10, Abschnitt 6.3.4 beschreibt die kapazitive Entladung als Schutzmaßnahme für fehlerhafte Stromkreise der Spannungsklasse B2. Die Überwachung von Fehlern im Stromkreis oder die Erkennung von Ereignissen kann zur Auslösung der Abschaltung genutzt werden, wobei eine der folgenden Bedingungen für den entladenen Stromkreis erfüllt sein muss:

- Die Spannung ist auf einen Wert unter AC 50 V und DC 75 V zu reduzieren;
- die gesamte gespeicherte Energie des Kreises muss < 0,2 J betragen;
- der zwischen gleichzeitig zugänglichen leitenden Teilen fließende Berührungsstrom darf 5 mA Wechselstrom oder 25 mA Gleichstrom nicht überschreiten.

An dieser Stelle gilt es zu beachten, dass die Begrenzung der in den gegen Erde wirksamen Kapazitäten gespeicherten Energiemenge des Stromkreises in der zuvor genannten Höhe keine Schutzmaßnahme nach DIN EN 61140 (VDE 0140-1):2016-11 darstellt und aufgrund der fortschreitenden Entwicklung hin zu höheren Bordnetzspannungen zum Zeitpunkt der Erstellung dieses Buchs in den Normungsgremien diskutiert wird. Auch die benannten Spannungs- und Stromgrenzen weichen von denen der Norm DIN EN 61140 (VDE 0140-1):2016-11 ab, was diskutiert werden sollte.

In ISO 6469-3:2018-10, Abschnitt 6.3.5 sind alternative Schutzmaßnahmen beschrieben, die gemäß ISO 6469-3:2018-10, Abschnitt 6.3.3 bei kapazitiver Kopplung und kapazitiver Entladung zu beachten sind. Demnach bieten folgende Maßnahmen sowohl Basis- als auch Fehlerschutz:

- doppelte Isolierung;
- verstärkte Isolierung;
- Schutzabdeckungen zusätzlich zum Basisschutz;
- Schutzumhüllungen zusätzlich zum Basisschutz;
- leitfähige Schutzabdeckungen mit Potentialausgleich zusätzlich zur Basisisolierung;
- leitfähige Schutzumhüllungen mit Potentialausgleich zusätzlich zur Basisisolierung;
- starre Schutzabdeckungen mit ausreichender mechanischer Robustheit und Haltbarkeit über die Fahrzeuglebensdauer;
- starre Schutzumhüllungen mit ausreichender mechanischer Robustheit und Langlebigkeit über die Fahrzeuglebensdauer.

Die gewählte Maßnahme oder Kombination von Maßnahmen muss sich auf den Einzelfehler beziehen, für den sie bestimmt ist. Für verschiedene Abschnitte eines Stromkreises können unterschiedliche Maßnahmen verwendet werden.

Hinweis der Autoren: Die beiden letzten Punkte der Aufzählung sollten durch die Schutzvorkehrung der Basisisolierung ergänzt werden, um Basis- und Fehlerschutz zu bieten. Außerdem sollte entsprechend Anhang I dieses Buchs die Begriffe Schutzmaßnahme und Schutzvorkehrung entsprechend der Errichtungsnormung verwendet werden.

ISO 6469-3:2018-10, Abschnitt 6.4 der Norm beschreibt die grundsätzlichen Anforderungen für die Vorkehrungen für den Basisschutz. Genauer werden Anforderungen an Isolierungen und an Schutzabdeckungen und Schutzumhüllungen beschrieben. Weiterhin wird bezüglich der einzuhaltenden Isolationskoordination auf die Norm DIN EN 60664-1 (**VDE 0110-1**):2008-01 verwiesen.

### 3.1.2 Anforderungen nach ISO 17409

Die internationale Norm ISO 17409:2020-02 „Electrically propelled road vehicles – Conductive power transfer – Safety requirements“ beschreibt die Anforderungen für die galvanische Verbindung von E-Fahrzeugen an elektrische Wechsel- und Gleichspannungs-Stromversorgungssysteme. Die Norm bezieht sich dabei auf interne Stromversorgungssysteme von E-Fahrzeugen der Spannungsklasse B, entsprechend Kapitel 3.1.1.

#### Anwendungsbereich

Bereits im Anwendungsbereich der Norm ISO 17409:2020-02 wird darauf hingewiesen, dass sowohl das Laden als auch das Entladen eines Elektrofahrzeugs thematisiert wird. Weiterhin wird im Anwendungsbereich auf die Normen DIN EN 61851-1 (**VDE 0122-1**):2019-12 und DIN EN 61851-23 (**VDE 0122-2-3**):2018-10 verwiesen, wobei aus Gründen der elektrischen Sicherheit Ladebetriebsart 1 seit Veröffentlichung der neuen Ed. 2 ausgeschlossen wurde.

Hinsichtlich des Themas Schutz gegen elektrischen Schlag ist weiterhin Anmerkung 4 im Abschnitt „Anwendungsbereich“ von zentraler Bedeutung:

*Anmerkung 4: Mit dieser Ausgabe dieses Dokuments ist die Begrenzung der Y-Kapazität zum Schutz gegen elektrischen Schlag unter Einzelfehlerzustand nicht mehr als Fehlerschutzbestimmung anwendbar, wenn das Fahrzeug über eine leitfähige Gleichstromverbindung zu einem externen Stromkreis verfügt.*

Mit dieser Anmerkung wird klargestellt, dass entsprechend der geltenden Normen zum „Schutz gegen elektrischen Schlag – gemeinsame Anforderungen für Anlagen und Betriebsmittel“ (DIN EN 61140 **(VDE 0140-1)**:2016-11 sowie Normenreihe DIN VDE 0100) die Begrenzung der Energie keine gültige Schutzvorkehrung für den Fehlerschutz darstellt.

### Anforderungen zum Schutz von Personen vor elektrischem Schlag

Nach der Festlegung von Begriffen (Abschnitt 3), von Umwelt- und Betriebsbedingungen (Abschnitt 4) sowie spezifischen Anforderungen für Fahrzeugstecker, Stecker und Leitungen (Abschnitt 5) werden im für dieses Buch relevantesten Abschnitt 6 der Norm ISO 17409:2020-02 Anforderungen zum Schutz von Personen gegen elektrischen Schlag am Fahrzeugstecker (Case B und Case C) und an der Steckdose (Case A) festgelegt.

Entsprechend Kapitel 2.3 gilt, dass nur die Ladebetriebsart 3 (Case B und Case C) und Ladebetriebsart 4 (Case C) in diesem Buch näher behandelt werden. Die in Ed. 2 neu eingeführten Anschlussfälle D und E für automatische Kontaktierungssysteme werden ebenfalls nicht näher beschrieben, da die einzuhaltenden Anforderungen noch unter Beratung der Fachkreise stehen.

Im allgemeinen Abschnitt 6.1 von ISO 17409:2020-02 wird zunächst auf die im vorherigen Kapitel näher beschriebene Norm ISO 6469-3:2018-10 eingegangen, deren Anforderungen für den fahrzeugseitigen Abschnitt des Versorgungsstromkreises des Fahrzeugs gelten, wenn er nicht mit einem externen Stromkreis verbunden ist.

Nach ISO 17409:2020-02, Abschnitt 6.2 muss der Basisschutz – Schutz gegen direktes Berühren von spannungsführenden Teilen der Spannungsklasse B – mindestens IPXXD nach ISO 20653 betragen, wenn die Fahrzeugkupplung mit dem Fahrzeugstecker verbunden ist. Diese Anforderung gilt als erfüllt, wenn das Fahrzeug mit einem Fahrzeugstecker nach der Normenreihe DIN EN 62196-*x* **(VDE 0623-5-*x*)** ausgestattet ist.

ISO 17409:2020-02, Abschnitt 6.3 stellt Anforderungen an den im Fahrzeug zu verwendenden Schutzleiter. Demnach muss der Fahrzeugstecker über einen Schutzleiteranschluss verfügen, um über das Chassis des Fahrzeugs alle freiliegenden leitfähigen Teile des Bordnetzes mit dem externen Stromversorgungssystem zu verbinden.

Entscheidend ist, dass der Querschnitt des Schutzleiters nach DIN VDE 0100-540: 2012-06 auszulegen ist, um entsprechend der Errichtungsnormung im Niederspannungsbereich mögliche Kurzschlussströme tragen und im Falle der Schutzmaßnahme „automatische Abschaltung der Stromversorgung“ die geforderten Abschaltzeiten einhalten zu können. Dazu gilt die Anforderung, dass der gesamte Schutzleiterwiderstand max. 0,1 Ω betragen darf.

Nach ISO 17409:2020-02, Abschnitt 6.4 wird dem Isolationswiderstand besondere Bedeutung zu geschrieben. Für das AC-Laden (Mode 3) gilt, dass der Gesamtisolationswiderstand des Bordnetzes – ohne Anschluss an eine externe Stromversorgung – mindestens 500 Ω/V betragen muss, wobei als Bezugsgröße die max. Betriebsspannung des jeweiligen Stromkreises zu berücksichtigen ist.

Beim DC-Laden (Mode 4) darf der Gesamtisolationswiderstand für den Fall des angeschlossenen Fahrzeugs an eine Gleichstromladestation auch unter 100 Ω/V fallen, sofern die Anforderungen aus ISO 17409:2020-02, Abschnitt 9.1 eingehalten werden. Innerhalb dieses Abschnitts wird auf ISO 6469:2018-10, Abschnitt 6.3.5 verwiesen, indem die in Kapitel 3.1.1 beschriebenen alternativen Schutzmaßnahmen aufgeführt sind. Aus funktionalen Gründen wird für das Bordnetz für das Combined Charging System (CCS) ein Mindestisolationswiderstand von 1 MΩ empfohlen.

Hinweis der Autoren: Der benannte, spannungsabhängige Mindestisolationswiderstand von 100 Ω/V sollte in keinem Fall unterschritten werden, da die in ISO 6469:2018-10, Abschnitt 6.3.5 benannten Maßnahmen ausschließlich für den Schutz gegen kapazitive Kopplung und kapazitive Entladung benannt werden. Die Empfehlung des Mindestisolationswiderstands von 1 MΩ ist sinnvoll.

ISO 17409:2020-02, Abschnitt 6.5 legt die Sicherheitsanforderungen für die Kontakte am Fahrzeugstecker im nicht verbundenen Zustand fest. An dieser Stelle ist insbesondere auf die Neuerung in Ed. 2 der Norm hinzuweisen, nach der Berührungsschutz IPXXB nach ISO 20653 nicht mehr als ausreichend sicher bewertet wird. Aus diesem Grund wird sowohl für den Normalbetrieb als auch für den Betrieb unter Einzelfehlerbedingungen ein Berührungsschutz IPXXD nach ISO 20653 für die Fahrzeugkontakte gefordert. Alternativ ist die Spannung auf DC 60 V/AC 30 V oder der Berührungsstrom auf die in DIN EN 61140 (**VDE 0140-1**):2016-11, Abschnitt 5.7.2 angegeben Werte zu reduzieren. Die Anforderung zur Einhaltung der zuvor genannten Berührungsströme wird ebenfalls erneut in ISO 17409:2020-02, Abschnitt 6.7 für den verbundenen Zustand gefordert.

Ein weiterer wichtiger Abschnitt für den Schutz gegen elektrischen Schlag stellt ISO 17409:2020-02, Abschnitt 6.6 dar, in dem die Anforderungen an die Isolationskoordination beschrieben werden. Demnach muss das Stromversorgungssystem des Fahrzeugs die Anforderungen an die Isolationskoordination nach DIN EN 60664-1 (**VDE 0110-1**):2008-01 erfüllen. Hinsichtlich der Stehspannungsfestigkeit gilt für

Wechselspannungssysteme die Überspannungskategorie II (ÜK II) sofern keine überspannungsbegrenzenden Vorkehrungen getroffen wurden. Gleichspannungssysteme müssen für eine Impulsspannung von mindestens 2 500 V ausgelegt sein.

ISO 17409:2020-02, Abschnitt 7 beschreibt Anforderungen zum Schutz gegen thermische Auswirkungen durch Überstrom und elektrische Lichtbögen. Gemäß der geltenden Errichtungsnormung nach der Normenreihe DIN VDE 0100 sind beim Schutz gegen Überstrom sowohl der Überlastfall und Kurzschlussfall zu betrachten. Eine sichere Kurzschluss- und Überlastkoordination muss auch im Ladeverbund sichergestellt werden.

Die Abschnitte 8 und 9 der ISO 17409:2020-02 definieren zusätzliche Anforderungen für die Wechselwirkung des Fahrzeugs mit den externen elektrischen Wechselstrom- bzw. Gleichstromversorgungssystemen. Grundsätzlich gilt, dass der sichere Ladeverbund betrachtet und die entsprechenden Normen berücksichtigt werden müssen. Insbesondere ist auf folgende Abschnitte der ISO 17409:2020-02 hinzuweisen:

- Abschnitt 8.5: In diesem Abschnitt „Phasenfolge im Dreiphasenbetrieb" wird die Thematik des Rechtsdrehfelds aufgegriffen, was entsprechend Kapitel 3.2.2 dieses Buchs zur Einhaltung der Unsymmetrieanforderung nach VDE-Anwendungsregel VDE-AR-N 4100 von Bedeutung ist.
- Abschnitt 9.2: In diesem Abschnitt der Norm werden zusätzliche Anforderungen an die Trenneinrichtungen für die Gleichstromübertragung beschrieben. Hierzu ist zu beachten, dass die beschriebene Trenneinrichtung keine nach der Errichtungsnorm DIN VDE 0100-530:2018-06, Anhang B qualifizierte Trenneinrichtung darstellt.
  Hinweis der Autoren: Aus Sicht der Autoren sollte entsprechend der geltenden Errichtungsnorm von einer Schalteinrichtung gesprochen werden, mit der unter anderem ein betriebsmäßiges Schalten durchgeführt wird.
- Abschnitt 9.4: In diesem Abschnitt wird die Anforderung beschrieben, dass im Falle des Gleichstromladens das im Fahrzeug verbaute Isolationsüberwachungsgerät während des Ladevorgangs deaktiviert werden muss. Im Falle des Combined Charging Systems (CCS) übernimmt das stationsseitige Isolationsüberwachungsgerät entsprechend DIN EN 61851-23 (**VDE 0122-2-3**):2018-10, Abschnitt CC.4.1 die Überwachung.
- Abschnitt 9.9 „Kompatibilität mit der Isolationsüberwachung" legt die max. zulässigen Y-Kapazitäten in Abhängigkeit der max. Systemspannung fest.

Hinweise der Autoren: Aus Sicht der Autoren ist ergänzend zur Klarstellung – dass die verbauten Y-Kapazitäten Einfluss auf die Isolationsüberwachung haben – darauf hinzuweisen, dass die Begrenzung der gespeicherten Energie keine gültige Schutzvorkehrung nach den Errichtungsnormen darstellt. Es bleibt abzuwarten, ob die angegebenen Grenzwerte im Hinblick auf die steigenden Ladeleistungen und die damit verbundenen steigenden Herausforderungen zur Einhaltung der Grenzwerte der elektromagnetischen Verträglichkeit eingehalten werden können.

ISO 17409:2020-02, Abschnitt 10 legt einen ersten Rahmen für den Rückspeisebetrieb fest, wobei entscheidende Fragestellungen noch nicht geklärt sind. Aus Sicht der Autoren darf das Thema Rückspeisung nicht unterschätzt werden und es ist immer das gesamte System zu betrachten.

## 3.2 Bei der Errichtung der Ladeinfrastruktur

Für eine sichere Ladeinfrastruktur müssen neben den spezifischen Produktnormen der Normenreihe DIN EN IEC 61851 (**VDE 0122**) die Grundsätze und Merkmale beim Errichten und Betreiben einer elektrischen Niederspannungsanlage nach der Norm DIN EN 61140 (**VDE 0140-1**):2016-11 und der Normenreihe DIN VDE 0100 umgesetzt werden.

### 3.2.1 Produktnormen Ladeinfrastruktur

Die zentrale Produktnorm im Bereich Ladeinfrastruktur DIN EN IEC 61851-1 (**VDE 0122-1**):2019-12 „Konduktive Ladesysteme für E-Fahrzeuge – Teil 1: Allgemeine Anforderungen“ legt allgemeine Anforderungen für konduktive AC-Stromversorgungseinrichtungen für E-Fahrzeuge mit einer Ausgangsbemessungsspannung bis einschließlich AC 1 000 V oder DC 1 500 V fest.

Für DC-Ladesysteme liegt die zentrale Produktnorm DIN EN 61851-23 (**VDE 0122-2-3**):2018-10 vor. Diese definiert zusätzlich zur Norm DIN EN IEC 61851-1 (**VDE 0122-1**):2019-12 spezifische Anforderungen an DC-Ladesysteme für E-Fahrzeuge.

**Anforderungen Mode 3 – DIN EN IEC 61851-1 (VDE 0122-1)**

Neben allgemeinen Definitionen von Begriffen und den in Kapitel 2.3 beschriebenen Ladebetriebsarten sind die für dieses Buch relevantesten Anforderungen zum Schutz von Personen gegen elektrischen Schlag in DIN EN IEC 61851-1 (**VDE 0122-1**):2019-12, Abschnitt 8 der Norm beschrieben.

Für Ladebetriebsart 3 gelten beim Schutz gegen elektrischen Schlag insbesondere die im Folgenden definierten Anforderungen.

Nach DIN EN IEC 61851-1 (**VDE 0122-1**):2019-12, Abschnitt 8.1 der Norm ist die Schutzart IPXXB gegen den Zugang zu gefährlichen aktiven Teilen im nicht gesteckten Zustand umzusetzen. Dies gilt, sofern die Zuordnung zu einem direkt vorgeschalteten mechanischen Schaltgerät und die Erfüllung einer der folgenden Anforderungen vorliegen:

- Die Mindestöffnungsweite des Kontakts ist gleich der Luftstrecke nach DIN EN 60664-1 (**VDE 0110-1**):2008-01 für Überspannungskategorie 3 (z. B. wird in DIN EN 60664-1 (**VDE 0110-1**):2008-01 für 230/400 V der Wert 4 kV als Bemessungsstehstoßspannung angegeben, was einen Abstand zwischen den Kontakten von mindestens 3 mm zur Folge hat);
- Überwachung der Schaltkontakte in Verbindung mit einer Einrichtung zum Ansteuern eines weiteren mechanischen Schaltgeräts, welches für eine Trennung des vorgeschalteten Stromkreises sorgt, für den Fall, dass das der Steckvorrichtung vorgeschaltete Schaltgerät ausfällt;
- Vorhandensein eines Einsteckschutzes (en.: shutter) vor den Öffnungen der aktiven Kontakte der Steckdosen oder Kupplungen für den Anschlussfall C.

DIN EN IEC 61851-1 (**VDE 0122-1**):2019-12, Abschnitt 8.2 der Norm beinhaltet Anforderungen bezüglich zulässiger gespeicherter Energien nach dem Trennen von steckbaren Ladeeinrichtungen vom Versorgungsnetz (DIN EN IEC 61851-1 (**VDE 0122-1**):2019-12, Abschnitt 8.2.1) sowie nach dem Abschalten der Versorgungsspannung bei fest installierten Ladeeinrichtungen (DIN EN IEC 61851-1 (**VDE 0122-1**):2019-12, Abschnitt 8.2.2):

- Im Fall der steckbaren Ladeeinrichtungen, bei denen die Verbindungsstifte nach dem Herausziehen zugänglich sind, darf die Spannung zwischen jedweden Kombinationen zugänglicher Kontakte des Normsteckers 1 s nach dem Herausziehen des Normsteckers aus der Normsteckdose höchstens DC 60 V oder die verfügbare gespeicherte Ladung muss weniger als 50 µC betragen.

- Im Fall der fest angeschlossenen Ladeeinrichtung innerhalb von 5 s nach dem Trennen der Versorgungsspannung, die Spannung an den Eingangsversorgungsanschlüssen auf ≤ DC 60 V oder die gespeicherte Energie auf ≤ 0,2 J abgefallen sein.

DIN EN IEC 61851-1 (**VDE 0122-1**):2019-12, Abschnitt 8.3 der Norm beschreibt mögliche Schutzvorkehrungen für den Fehlerschutz, die der Norm DIN VDE 0100-410:2018-10 entsprechen. Für Ladebetriebsart 3 ist entsprechend Kapitel 3.2.2 aus Sicht der Autoren lediglich die Schutzvorkehrung „automatische Abschaltung der Stromversorgung" zweckmäßig.

Weiterhin muss der Schutzleiter nach DIN EN IEC 61851-1 (**VDE 0122-1**):2019-12, Abschnitt 8.4 entsprechend den Anforderungen nach DIN IEC/TS 61439-7 (**VDE V 0660-600-7**) ausreichend, z. B. gegen Kurzschluss, bemessen sein und es ist für die Ladebetriebsart 3 ein Schutzerdungsleiter zwischen dem Eingangserdungsanschlusspunkt der Wechselstromversorgung der Ladeeinrichtung und dem E-Fahrzeug gefordert, der nicht geschaltet werden darf.

DIN EN IEC 61851-1 (**VDE 0122-1**):2019-12, Abschnitt 8.5 der Norm legt Anforderungen an Fehlerstrom-Schutzeinrichtungen (RCDs) fest. Grundsätzlich gilt, dass Stromversorgungseinrichtungen für E-Fahrzeuge über einen oder mehrere Anschlusspunkte verfügen können, über die sie E-Fahrzeuge mit Energie versorgen. Je nachdem, ob die Anschlusspunkte gleichzeitig verwendet werden können gilt:

- Wenn Anschlusspunkte gleichzeitig verwendet werden können und mit einer gemeinsamen Eingangsklemme der Stromversorgungseinrichtung für E-Fahrzeuge verbunden sind, müssen sie über einen in die Stromversorgungseinrichtung für E-Fahrzeuge integrierten individuellen Schutz verfügen.
- Wenn die Stromversorgungseinrichtung für E-Fahrzeuge über mehrere Anschlusspunkte verfügt, die nicht gleichzeitig verwendet werden können, so sind gemeinsame Schutzeinrichtungen für diese Anschlusspunkte ausreichend.

Für Ladeeinrichtungen, die die Schutzmaßnahme automatische Abschaltung der Stromversorgung nutzen und mit Steckdosen oder Fahrzeugkupplungen für Wechselstrom entsprechend DIN EN 62196-*x* (**VDE 0623-5-*x***) (alle Teile) ausgestattet sind, gelten bei Verwendung von Fehlerstrom-Schutzeinrichtungen (RCDs) folgende Anforderungen:

- der Anschlusspunkt der Ladeeinrichtung muss durch eine Fehlerstrom-Schutzeinrichtung (RCD) mit einem Bemessungsfehlerstrom von höchstens 30 mA geschützt werden;

- die Fehlerstrom-Schutzeinrichtungen (RCDs) müssen alle aktiven Leiter trennen;
- Fehlerstrom-Schutzeinrichtung (RCD) vom Typ B oder
- Fehlerstrom-Schutzeinrichtung (RCD) vom Typ A sowie eine geeignete Einrichtung, mit der sichergestellt wird, dass die Versorgung im Falle eines Fehlergleichstroms größer 6 mA getrennt wird.

Ergänzend definiert DIN EN IEC 61851-1 (**VDE 0122-1**):2019-12, Abschnitt 8.6 Sicherheitsanforderungen an Signalgebungsstromkreise zwischen der Stromversorgungseinrichtung für E-Fahrzeuge und dem Electric Vehicle (EV) während in DIN EN IEC 61851-1 (**VDE 0122-1**):2019-12, Abschnitt 8.7 Anforderungen an Trenntransformatoren festgelegt sind.

Ergänzend zu Abschnitt 8 sind in Abschnitt 12 der DIN EN IEC 61851-1 (**VDE 0122-1**):2019-12 konstruktive Anforderungen an die Stromversorgungseinrichtung für E-Fahrzeuge und Prüfungen beschrieben. DIN EN IEC 61851-1 (**VDE 0122-1**):2019-12, Abschnitt 13 beinhaltet Anforderungen an Überlast- und Kurzschlussschutz während DIN EN IEC 61851-1 (**VDE 0122-1**):2019-12, Abschnitt 14 das automatische Wiedereinschalten von Schutzeinrichtungen thematisiert.

**Anforderungen Mode 4 – DIN EN 61851-23 (VDE 0122-2-3)**

Zu den Anforderungen der Norm DIN EN 61851-23 (**VDE 0122-2-3**):2018-10 ist grundsätzlich zu beachten, dass diese die in der Norm DIN EN IEC 61851-1 (**VDE 0122-1**):2019-12 festgelegten Anforderungen um spezifische Aspekte des DC-Ladens ergänzt.

Aufgrund der bereits veröffentlichten Ed. 3 der DIN EN IEC 61851-1 (**VDE 0122-1**):2019-12 ist zu beachten, dass die in Kapitel 7 der DIN EN 61851-23 (**VDE 0122-2-3**):2018-10 beschriebenen Anforderungen die Anforderungen aus Kapitel 8 der Norm DIN EN IEC 61851-1 (**VDE 0122-1**):2019-12 ergänzen.

Der erste Unterschied gegenüber dem AC-Laden findet sich für Gleichstromladestationen in den Anforderungen der Trennung des Elektrofahrzeugs von der Ladestation, sowie der Ladestation vom Versorgungsnetz, wieder. Beide Verbindungen müssen entsprechend der Abschnitte 7.2.3.1 und 7.2.3.2 der DIN EN 61851-23 (**VDE 0122-2-3**):2018-10 die Spannung zwischen den zugänglichen leitenden Teilen oder jeglichen zugänglichen leitenden Teilen und dem Schutzleiter innerhalb 1 s nach der Trennung auf kleiner oder gleich 60 V sowie die verfügbare gespeicherte Energie auf kleiner als 20 J reduzieren.

Hinweis der Autoren: Aus Sicht der Autoren ist anzumerken, dass eine Reduzierung der gespeicherten Energie keine gültige Fehlerschutzvorkehrung für den Schutz gegen elektrischen Schlag darstellt. Aufgrund der andauernden Diskussionen in den Arbeitskreisen zu diesem Thema gilt, dass in jedem Fall keine gefährlichen Spannungen und Ströme nach der Normenreihe DIN IEC/TS 60479-*x* (**VDE V 0140-479-*x***) auftreten dürfen.

Abschnitt 7.5 der Norm DIN EN 61851-23 (**VDE 0122-2-3**):2018-10 legt die geltenden Schutzmaßnahmen nach DIN EN 61140 (**VDE 0140-1**):2016-11 für galvanisch getrennte Gleichstromladestationen fest. Galvanisch nicht getrennte Ladestationen sowie Ladestationen mit mehreren Ausgängen sind in Beratung, die auch für Ed. 2 der Norm noch nicht abgeschlossen sind. Für galvanisch getrennte Gleichstromladestationen gilt, dass in der Regel die Schutzmaßnahme durch automatische Abschaltung der Stromversorgung durch Verbindung aller berührbaren leitfähigen Teile mit einem Schutzleiter während des Batterieladevorgangs verwendet werden sollte. Alternativ dazu werden die Schutzmaßnahmen verstärkte oder doppelte Isolierung oder elektrische Trennung der Gleichstromladestationen für Elektrofahrzeuge innerhalb der Norm aufgeführt, wobei diese gemäß Kapitel 3.2.2 aus Sicht der Autoren nicht für den Anwendungsfall Elektromobilität geeignet sind.

Da es bisher nicht gelungen ist, sich auf ein weltweites DC-Ladesystem zu einigen, werden zusätzliche Anforderungen für das in diesem Buch betrachtete CCS-System zum Schutz von Personen gegen elektrischen Schlag in DIN EN 61851-23 (**VDE 0122-2-3**):2018-10, Anhang CC.4.1 beschrieben. Genauer werden in Kapitel CC.4.1 der DIN EN 61851-23 (**VDE 0122-2-3**):2018-10 die Verwendung des IT-Systems entsprechend DIN VDE 0100-410:2018-10, Abschnitt 411.6 sowie der Einsatz eines Isolationsüberwachungsgeräts (IMD) nach DIN EN 61557-8 (**VDE 0413-8**):2015-12 gefordert. Dies hat zur Folge, dass mit der Auswahl des IT-Systems der Fehlerstrom bei Auftreten eines Einzelfehlers gegen einen Körper oder gegen Erde niedrig und die automatische Abschaltung nicht zwingend gefordert ist.

Die Isolationsüberwachung ist während des Ladevorgangs dauerhaft gefordert, wobei durch das IMD eine Warnung bei einem Isolationsniveau < 500 kΩ und ein Isolationsfehler bei einem Isolationsniveau < 100 kΩ ausgegeben werden soll. Wie zuvor beschrieben führt ein solcher Isolationsfehler, unabhängig vom Fehlerort, innerhalb von 120 s zur gewollten, präventiven Abschaltung des Ladestromkreises.

Weiterhin wird auf die Notwendigkeit der Koordination des IMDs der Station mit dem IMD des Fahrzeugs hingewiesen, die vom Fahrzeug vor dem Schließen der DC-Schütze sicherzustellen ist. In der Regel wird dazu der fahrzeugseitige IMD während des Ladevorgangs deaktiviert.

DIN EN 61851-23 (**VDE 0122-2-3**):2018-10, Abschnitt 7.5.103 verweist hinsichtlich der Auslegung des Schutzleiterquerschnitts auf DIN VDE 0100-540:2012-06, womit die allgemeinen Installationsbestimmungen für Niederspannungsinstallationen gelten.

Abschließend werden in DIN EN 61851-23 (**VDE 0122-2-3**):2018-10, Abschnitt 7.6 die beiden folgenden Ergänzungen für DC-Ladestationen beschrieben:

- Die Gleichstromladestation muss mit Fehlerstrom-Schutzeinrichtungen (RCDs) vom Typ A kompatibel sein;
- Gleichstromladestationen der Schutzklasse II dürfen zur Erdung des Fahrzeugs einen Schutzleiter durchleiten.

Während in der Praxis nach Kenntnis der Autoren keine Schutzklasse-II-Ladestationen in Verkehr gebracht wurden, ist zum ersten Punkt anzumerken, dass sich hinter dieser Anforderung die in Anhang G näher erläuterte Thematik des Einflusses von Gleichfehlerströmen auf Fehlerstrom-Schutzeinrichtungen (RCDs) verbirgt, auf den an dieser Stelle verwiesen wird.

### 3.2.2 Normen für Errichtung und Betrieb

Grundsätzlich ist für den Ladeverbund eine der in DIN VDE 0100-410:2018-10 beschriebenen Schutzmaßnahmen umzusetzen, die allgemein aus mehreren Schutzvorkehrungen bestehen.

Eine genaue Analyse des Anwendungsfalls Elektromobilität zeigt, dass aufgrund der möglichen max. Strom- und Spannungswerte (AC (Mode 3): 63 A/400 V; DC (Mode 4): 500 A/1 000 V) sowie der Vorgabe, dass mit dem Fahrzeug ein von Laien verwendetes Betriebsmittel der Schutzklasse I angeschlossen ist, lediglich die Schutzmaßnahme „automatische Abschaltung der Stromversorgung“ anwendbar ist. Dies gilt im Erstfehlerfall für die Netzformen TN und TT. Für das IT-System ist nach DIN VDE 0100-410:2018-10 der Zweitfehlerfall an einem anderen aktiven Leiter zu berücksichtigen, womit entsprechend alle Anforderungen zur Abschaltung der Stromversorgung erfüllt werden müssen.

In der Elektromobilität ist als Schutzvorkehrung für den Basisschutz in der Praxis fast ausschließlich die „Basisisolierung“ vorhanden, während der Fehlerschutz durch die Schutzvorkehrung „Abschaltung der Stromversorgung“ erreicht wird.

**Schutzmaßnahme „Automatische Abschaltung der Stromversorgung“**

Grundsätzlich erfordert die Umsetzung der Schutzmaßnahme die korrekte Koordination zwischen der vorliegenden Netzform (TN/TT/IT) und einer dafür geeigneten Schutzeinrichtung, wobei die Umgebungsbedingungen zu berücksichtigen sind.

Das heißt, die Leiterquerschnitte müssen entsprechend DIN VDE 0100-540:2012-06 dimensioniert sowie durch normkonforme Überstromschutzeinrichtungen nach DIN VDE 0100-530:2018-06 abgesichert werden. Weiterhin sind die Erdungsverhältnisse nach DIN VDE 0100-410:2018-10 zu berücksichtigen, um ein korrektes Ansprechen der Überstromschutzeinrichtung sicherzustellen.

Alle zuvor genannten Normen gelten allgemein für die Errichtung und den Betrieb elektrischer Anlagen und sind in Anhängen dieses Buchs mit dem Fokus Elektromobilität in gekürzter Form beschrieben.

In diesem Kapitel werden im Folgenden die zentralen Anforderungen der Norm DIN VDE 0100-722:2019-06 in gekürzter Form dargestellt, die über die Anforderungen der allgemeinen Teile der Normenreihe DIN VDE 0100 hinaus ergänzende Anforderungen für die Stromversorgung von E-Fahrzeugen am Niederspannungsnetz beinhaltet.

**DIN VDE 0100-722 Errichten von Niederspannungsanlagen – Teil 7-722: Anforderungen für Betriebsstätten, Räume und Anlagen besonderer Art – Stromversorgung von Elektrofahrzeugen**

Die besonderen Anforderungen des Teils 722 der Normenreihe DIN VDE 0100 ergänzen, ändern oder ersetzen bestimmte Anforderungen der allgemeinen Teile der Normen der Reihe DIN VDE 0100 um für die Stromversorgung von E-Fahrzeugen am Niederspannungsnetz spezifische Aspekte. Mit dieser Funktion schlägt der Normenteil 722 die Brücke zwischen Niederspannungsinstallation und Anwendung, was insbesondere für Planer und Errichter von Ladeinfrastruktur zwingend zu beachten ist.

<u>Anwendungsbereich</u>

Ein erster Blick auf den Anwendungsbereich der Norm DIN VDE 0100-722:2019-06 zeigt, dass diese allgemein sowohl den Ladebetrieb als auch das Thema der Rückspeisung von elektrischer Energie von den Elektrofahrzeugen in die Niederspannungsinstallation thematisiert. DIN VDE 0100-722:2019-06, Abschnitt 722.551.2.101 zeigt jedoch, dass die Thematik des Rückspeisens noch in Beratung innerhalb der zuständigen Fachkreise steht und aus Sicht der Autoren noch zentrale Fragen hinsichtlich des Schutzes gegen elektrischen Schlag und hinsichtlich des Schutzes gegen thermische Auswirkungen beantwortet werden müssen.

Neben den beiden zuvor genannten Punkten wird im Anwendungsbereich darauf hingewiesen, dass die von dieser Norm abgedeckten Stromkreise am Anschlusspunkt zum Elektrofahrzeug enden.

Abschließend wird im Anwendungsbereich auf die Normenreihe DIN EN IEC 61851 (**VDE 0122**) für konduktive Ladestationen und auf die Normenreihe DIN EN 61980 für Ladestationen mit drahtloser Energieübertragung verwiesen. Entsprechend der Rückspeisung werden jedoch innerhalb der Norm DIN VDE 0100-722:2019-06 keine weiteren Anforderungen für drahtlose Systeme beschrieben, deren Normung zum Zeitpunkt der Erstellung dieses Buchs, entsprechend Kapitel 2.2.3, noch nicht abgeschlossen ist.

Bevor im Folgenden auf die einzelnen Aspekte zum Thema Schutz gegen elektrischen Schlag der Norm DIN VDE 0100-722:2019-06 für konduktive Ladeeinrichtungen näher eingegangen wird, soll an dieser Stelle noch auf eine Anmerkung im nationalen Vorwort zur Thematik des Rechtsdrehfelds hingewiesen werden. Entsprechend dem nationalen Vorwort gilt:

*DIN VDE 0100-722:2019-06 stellt in Bezug auf ein Rechtsdrehfeld keine Anforderungen auf. Es wird davon ausgegangen, dass an den EV-Ladestationen keine elektromotorischen Verbraucher angeschlossen werden. Aus diesem Grund kann aus Sicht des UK 221.5 von der Forderung in VDE-Anwendungsregel VDE-AR-E 2100-550: 2019-02 nach einem Rechtsdrehfeld für Steckdosen oder Fahrzeugkupplungen nach DIN EN 62196-1 (**VDE 0623-5-1**):2015-06 abgewichen werden.*

Dieser Hinweis ist vor allem im Hinblick auf die einzuhaltenden Unsymmetrieanforderungen der VDE-Anwendungsregel VDE-AR-N 4100:2019-04, Abschnitt 5.5.2 entscheidend. Neben der Notwendigkeit zur Einhaltung der Anforderungen zur Aufrechterhaltung der Netzstabilität ergeben sich auch Anforderungen an die elektrische Sicherheit, die zum Zeitpunkt der Erstellung dieses Buchs noch in Beratung sind und ggf. in einer Folgeauflage genauer thematisiert werden können.

Schutzmaßnahmen und Schutz gegen elektrischen Schlag

Kernpunkt der Norm sind die Schutzmaßnahmen beim Ladevorgang nach DIN VDE 0100-722:2019-06, Abschnitt 722.4 und damit die Bedeutung der Vorkehrung zum Schutz gegen elektrischen Schlag für Personen im Fahrzeug oder außerhalb des Elektrofahrzeugs, mit der Möglichkeit der Berührung von elektrisch leitendenden Teilen des Elektrofahrzeugs und der weiteren Ladeeinheiten.

Grundsätzlich wird entsprechend DIN VDE 0100-722:2019-06, Abschnitt 722.410 hinsichtlich des Schutzes gegen elektrischen Schlag auf DIN VDE 0100-410:2018-10 verwiesen, bevor in den allgemeinen Anforderungen auch die Schutzvorkehrungen genannt, die nicht angewendet werden dürfen. Diese sind:

- Schutz durch Hindernisse,
- Schutz durch Anordnung außerhalb des Handbereichs,
- Schutz durch nicht leitende Umgebung,
- Schutz durch erdfreien örtlichen Schutzpotentialausgleich,
- Schutztrennung mit mehr als einem Verbrauchsmittel.

Bezüglich der Schutzmaßnahme „Schutz durch Anordnung außerhalb des Handbereichs" ist anzumerken, dass für Ladegeräte mit automatischem Verbindungsaufbau nach IEC 61851-23-1 eine Ausnahmeregelung gilt. Da sich die Norm IEC 61851-23-1 zum Zeitpunkt der Erstellung dieses Buchs in Beratung befindet, wird diese Thematik im Folgenden nicht näher ausgeführt.

Schutzmaßnahme: „Automatische Abschaltung der Stromversorgung"

DIN VDE 0100-722:2019-06, Abschnitt 722.411 beschreibt alle Anforderungen der Schutzmaßnahme „Automatische Abschaltung der Stromversorgung", die entsprechend den Ausführungen aus Kapitel 3.2.2 in der Elektromobilität, die am häufigsten angewendete Schutzmaßnahme darstellt.

Alle für Niederspannungsinstallationen geltenden Anforderungen nach DIN VDE 0100-410:2018-10, werden um folgenden Hinweis ergänzt:

*Jeder AC-Anschlusspunkt muss mit einer separaten Fehlerstrom-Schutzeinrichtung (RCD) mit einem Bemessungsdifferenzstrom ≤ 30 mA geschützt sein.*

Auswahl und Errichtung elektrischer Betriebsmittel – Schalt- und Steuergeräte

Neben DIN VDE 0100-722:2019-06, Abschnitt 722.411 spielt im Hinblick auf den Schutz gegen elektrischen Schlag weiterhin Abschnitt 722.53 eine zentrale Rolle. Hier wird dem Anwender der Norm der Hinweis gegeben, wie die Auswahl der Schalt- und Steuergeräte getroffen werden kann:

- *durch Auswahl und Errichtung geeigneter Betriebsmittel in der ortsfesten Installation, oder*

- *durch die Auswahl einer EV-Ladestation, welche diese enthält, oder*
- *durch eine Kombination von beiden.*

Ergänzend sind die beiden folgenden Anmerkungen der Norm zu beachten:

- *Anmerkung 1: Die Anforderungen an die Auswahl und Errichtung von Einrichtungen zum Trennen, Schalten und Steuern von kontaktlosen Energieübertragungssystemen sind durch DIN VDE 0100-530:2018-06 abgedeckt.*
- *Anmerkung 2: Die ladeleitungsintegrierte Steuer- und Schutzeinrichtung (en: In-Cable Control and Protection Device; IC-CPD) nach DIN EN 62752 (**VDE 0666-10**):2019-11 ist nicht für die Verwendung in ortsfesten Anlagen vorgesehen.*

Weiterhin wird dem Anwender der Norm empfohlen bei einer Versorgung von mehr als einem Elektrofahrzeug über denselben ungeerdeten Stromkreis (IT-System) eine Einrichtung zur Isolationsfehlersuche nach DIN EN 61557-9 (**VDE 0413-9**):2015-10 zu verwenden, um den fehlerhaften Stromkreis so schnell wie möglich erkennen zu können.

Einrichtungen zum Schutz gegen elektrischen Schlag durch automatische Abschaltung der Stromversorgung

DIN VDE 0100-722:2019-06, Abschnitt 722.531 geht auf Auswahl und Koordination von Fehlerstrom-Schutzeinrichtungen (RCDs) für den Fall ein, dass die Schutzmaßnahme „automatische Abschaltung der Stromversorgung" zur Anwendung kommt. In Ergänzung zu DIN VDE 0100-530:2018-06 gilt folgender Text:

*Fehlerstrom-Schutzeinrichtungen (RCDs), die jeden Anschlusspunkt schützen, müssen mindestens die Anforderungen einer Fehlerstrom-Schutzeinrichtung (RCD) vom Typ A sowie einen Bemessungsdifferenzstrom von ≤ 30 mA aufweisen.*

*Wenn die EV-Ladestation mit einer Steckdose oder Fahrzeugkupplung nach der Normenreihe DIN EN 62196-x (**VDE 0623-5-x**) ausgestattet ist, müssen Schutzvorkehrungen gegen Gleichfehlerströme vorgesehen werden, es sei denn, diese sind in die EV-Ladestation integriert. Geeignete Vorkehrungen für jeden Anschlusspunkt sind Folgende:*

- *der Einsatz einer Fehlerstrom-Schutzeinrichtung (RCD) vom Typ B oder*
- *der Einsatz einer Fehlerstrom-Schutzeinrichtung (RCD) vom Typ A oder Typ F in Verbindung mit einer. Fehlergleichstromüberwachungseinrichtung (RDC-DD) in Übereinstimmung mit IEC 62955:2018-03.*

*Fehlerstrom-Schutzeinrichtungen (RCDs) müssen den folgenden Normen entsprechen: IEC 61008-1, IEC 61009-1, IEC 60947-2 oder IEC 62423.*

Hinweis der Autoren: Mit dieser Anforderung soll dem Umstand Rechnung getragen werden, dass moderne, getaktete Umrichter (Onboard Charger) im Erstfehlerfall einen Gleichstromfehler im speisenden Netz hervorrufen können. Dieser kann die vorgeschalteten Fehlerstrom-Schutzeinrichtungen (RCDs) in ihrer Funktion in Bezug auf Ansprechzeit und Ansprechwert negativ beeinflussen. Weitere Informationen zu diesem Thema sind in Anhang G dieses Buchs zu finden.

Koordination der elektrischen Betriebsmittel zum Schutz, Trennen, Schalten und Steuern

DIN VDE 0100-722:2019-06, Abschnitt 722.536 ergänzt die Anforderungen zur Koordination von Schutzeinrichtungen, dass die Selektivität zwischen der Fehlerstrom-Schutzeinrichtung (RCD) des Anschlusspunkts und der Fehlerstrom-Schutzeinrichtung (RCD) des vorgeschalteten Stromkreises erreicht werden muss.

Einrichtungen zur Überwachung

DIN VDE 0100-722:2019-06, Abschnitt 722.538 thematisiert die Verwendung von Einrichtungen zur Überwachung.

Insbesondere in Gleichstromladestationen, welche als ungeerdete IT-Systeme ausgeführt sind, spielen Isolationsüberwachungsgeräte (IMDs) eine zentrale Rolle hinsichtlich des Schutzkonzepts gegen elektrischen Schlag.

Nach DIN VDE 0100-722:2019-06, Abschnitt 722.538.1 gilt:

*Wenn keine Schutzvorrichtung zum Unterbrechen des Stromkreises beim ersten Isolationsfehler vorhanden ist, muss ein Isolationsüberwachungsgerät nach DIN EN 61557-8* ***(VDE 0413-8)****:2015-12 vorgesehen werden. Wenn das Isolationsüberwachungsgerät nicht Teil der EV-Ladestation ist, wird ein Isolationsüberwachungsgerät mit den folgenden Ansprechwerten empfohlen:*

- *Vorwarnung, wenn der Isolationswiderstand auf unter 300 Ω/V fällt, sollte dem Anwender ein optisches und/oder akustisches Warnsignal ausgegeben werden. Ein laufender Ladezyklus darf dabei noch abgeschlossen werden, aber es darf kein neuer Ladezyklus gestartet werden.*
- *Alarm, wenn der Isolationswiderstand auf unter 100 Ω/V fällt, sollte dem Anwender ein optisches und/oder akustisches Warnsignal ausgegeben werden. Der Ladekreis sollte daraufhin innerhalb von 10 s abgeschaltet werden.*

## 3.3 Im Systemverbund/Ladebetrieb

Grundsätzlich gilt, dass durch die korrekte Anwendung der existierenden Produkt- und Installationsstandards eine sichere und interoperable Errichtung sowie ein sicherer und interoperabler Betrieb von Ladeinfrastruktur möglich sind.

Konkrete Ausführungen solcher – aus Sicht der Autoren dieses Buchs hinsichtlich des Schutzes gegen elektrischen Schlag sicherer – Systeme werden im folgenden Kapitel beschrieben.

Bei dem in diesem Buch näher thematisierten Combined Charging System (CCS) gilt zu beachten, dass sowohl das E-Fahrzeug als auch die Ladestation unabhängig voneinander elektrisch sicher sind. Das heißt, sowohl das E-Fahrzeug als auch die Ladeinfrastruktur schützen sich gegen Übertemperatur, Überspannung und Überstrom in letzter Instanz selbst, was u. a. zur Folge hat, dass an die Kommunikation zwischen E-Fahrzeug und Ladeeinrichtung keine erhöhten Sicherheitsanforderungen gestellt werden.

### 3.3.1 AC-Ladeverbund (Mode 3)

Grundsätzlich zeichnet sich das AC-Laden entsprechend Kapitel 2.3.3 durch die im Fahrzeug installierte Ladeeinrichtung aus. Genauer findet gemäß **Bild 3.1** im „Onboard-Charger" eine galvanische Trennung statt, wodurch im Ladeverbund die Schutztechniken der Netzformen TN-C-S und IT zu koordinieren sind.

Entsprechend der Darstellung verbleibt das Hochvolt-Bordnetz während des Ladevorgangs im IT-System, womit das fahrzeugseitige IMD den Ladeprozess ab der galvanischen Trennung überwacht.

Bei Isolationsfehlern, die zwischen dem Versorgungsnetz und dem „Onboard Charger" auftreten können, schaltet eine Fehlerstrom-Schutzeinrichtung (RCD) rechtzeitig vor dem Eintreten gefährlicher Körperströme die Stromversorgung ab. Wichtig ist, dass die Fehlerstrom-Schutzeinrichtung (RCD) in der Lage ist, Gleichstromfehler zu erkennen, die durch Isolationsfehler am HV-Bordnetz auftreten können.

<u>Hinweis der Autoren:</u> Aus Sicht der Autoren bietet ein nach den aktuellen IEC- und ISO-Normen beschriebener Ladeverbund den erforderlichen Schutz gegen elektrischen Schlag. Zur Aufrechterhaltung des hohen Schutzniveaus sollte zukünftig lediglich eine permanente Überwachung der Niederohmigkeit des Schutzleiters bis zum Netzanschluss als verpflichtende Anforderung aufgenommen werden. Dazu ist anzumerken, dass die heutige Überwachung der Niederohmigkeit des Schutzleiters ausschließlich über den CP-Steuerkreis der Ladeinfrastruktur erfolgt, womit lediglich eine relativ ungenaue Aussage über das prinzipielle Vorhandensein des Schutzleiters möglich ist.

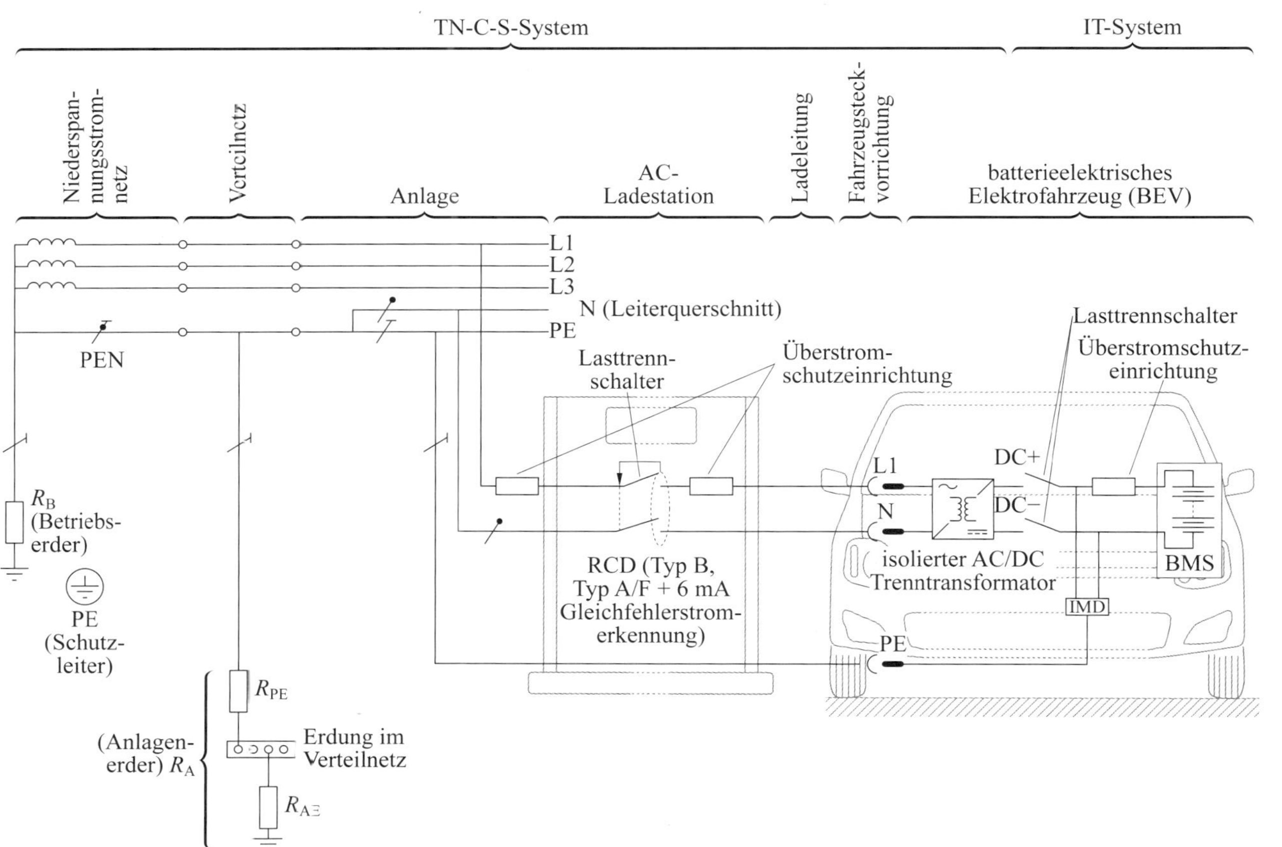


**Bild 3.1** AC-Ladeverbund (Mode 3)

### 3.3.2 DC-Ladeverbund (Mode 4)

Im Falle des DC-Ladens (Mode 4) findet gemäß Kapitel 2.3.3 die galvanische Trennung innerhalb der Ladestation statt. Hierbei ist insbesondere die im Standard DIN EN 61851-23 (**VDE 0122-2-3**):2018-10 beschriebene Anforderung zu beachten, nach der das in der Ladestation verbaute Isolationsüberwachungsgerät (IMD) den Ladevorgang überwacht und das im Fahrzeug verbaute Isolationsüberwachungsgerät (IMD) rechtzeitig abgeschaltet werden muss, um Fehlmessungen zu vermeiden.

Die stationsseitige Überwachung bietet vor allem hinsichtlich der Verfügbarkeit der Ladeeinrichtung entscheidende Vorteile. Grundsätzlich ist das fahrzeugseitige Isolationsüberwachungsgerät (IMD) für die Überwachung im Fahrbetrieb optimiert, für den – verglichen mit dem Ladeverbund – sehr unterschiedliche Ansprechwerte vorliegen.

In jedem Fall ist bei der Errichtung darauf zu achten, dass die in **Bild 3.2** dargestellten Isolationsüberwachungsgeräte (IMDs) der Norm DIN EN 61557-8 (**VDE 0413-8**):2015-12 entsprechen und nach DIN VDE 0100-530:2018-06 an der speisenden Einrichtung installiert werden.

Durch die Isolationsüberwachung im IT-System können auch im Ladebetrieb vergleichbar mit dem Fahrbetrieb permanent die Isolationswiderstände des DC-Ladeverbunds überwacht werden und je nach Isolationswert entsprechende Maßnahmen, wie z. B. eine Wartung, eingeleitet werden.

Weiterhin gilt, dass durch die nach DIN EN 61851-23 (**VDE 0122-2-3**):2018-10 geforderte Abschaltung nach dem Erstfehler noch keine gefährlichen Körperströme fließen.

Entsprechend des AC-Ladens sind aus Sicht der Autoren alle zuvor genannten Anforderungen in den aktuellen IEC- und ISO-Normen beschrieben. Das heißt, grundsätzlich bietet ein normkonform errichteter DC-Ladeverbund den erforderlichen Schutz gegen elektrischen Schlag. Zur Aufrechterhaltung des hohen Schutzniveaus sollte jedoch auch beim DC-Laden zukünftig die permanente Überwachung des Schutzleiters entsprechend den Aussagen in Kapitel 3.3.1 dieses Buchs gefordert werden.

Abschließend ist sowohl für den AC- als auch für den DC-Ladeverbund auf die gemäß DIN VDE 0100-410:2018-10 geforderte Erkennung von symmetrischen Fehlern hinzuweisen. Aufgrund der symmetrischen Strukturen, die z. B. in jeder Lithium-Ionen-Batterie vorliegen, muss mit dem Auftreten dieser Fehler gerechnet werden, die nicht durch reine Erdschlussüberwachungsgeräte detektiert werden können.

Hinweis der Autoren: Jedes mit DIN EN 61557-8 (**VDE 0413-8**):2015-12 konforme Isolationsüberwachungsgerät (IMD) erfüllt diese Anforderung.

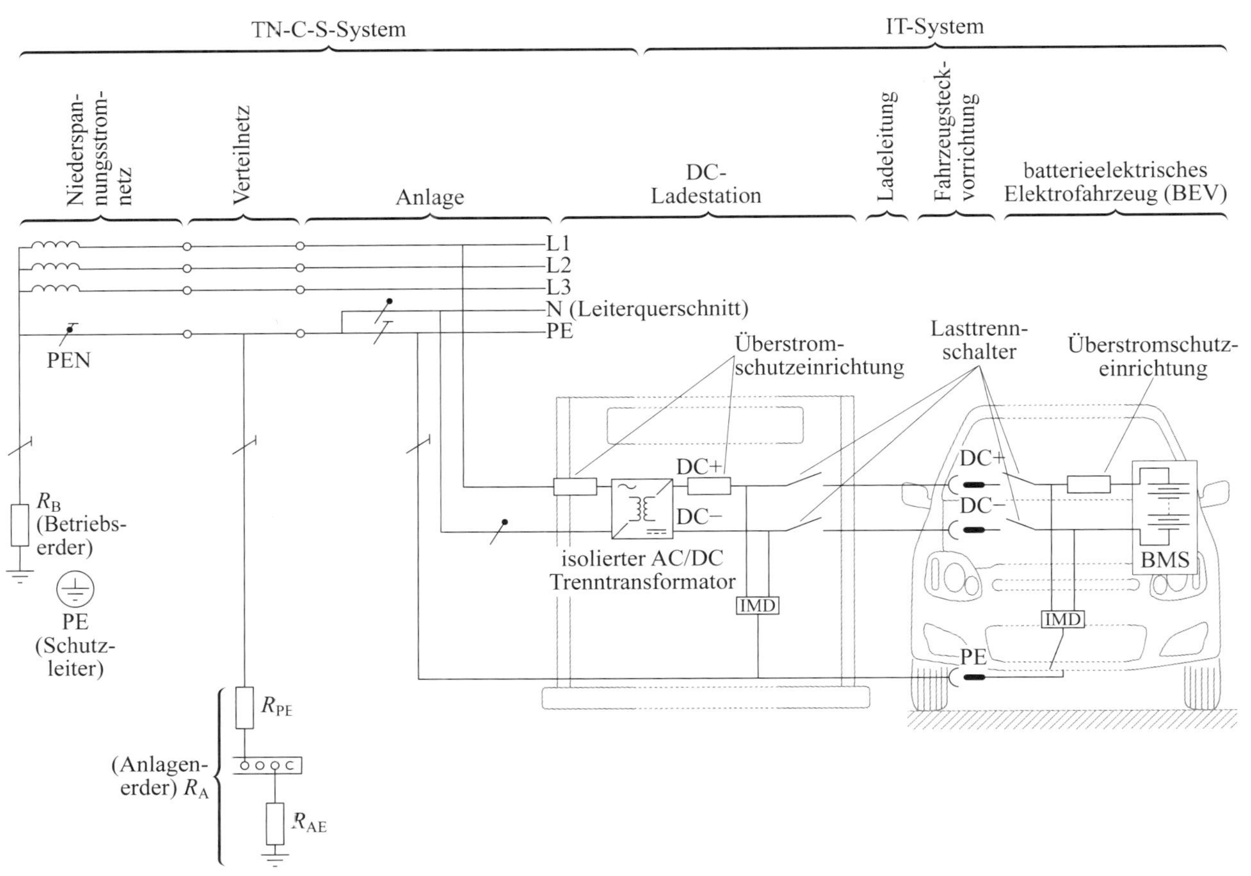


**Bild 3.2** DC-Ladeverbund (Mode 4)

# 4 Zusammenfassung und Ausblick

Obwohl mit dem Porsche Lohner bereits im Jahre 1900 der Öffentlichkeit auf der Pariser Weltausstellung ein batterieelektrisch betriebener Personenkraftwagen präsentiert wurde, ist die Geschichte der Elektromobilität doch eher eine recht junge.

Dennoch stehen heute bereits eine Vielzahl von Standards und Normen zum sicheren Aufbau eines konduktiven elektrischen Ladeverbunds zur Verfügung.

Aufgrund des rasanten technischen Fortschritts ist eine ständige Anpassung der relevanten Produktnormen erforderlich, weshalb sich die meisten Normen bereits wieder in der Überarbeitung befinden.

Obwohl viele Grundlagen aus der allgemeinen Elektrotechnik und insbesondere aus dem Bereich der Photovoltaik übernommen werden konnten, birgt z. B. das DC-Hochvolt-Bordnetz nach wie vor Herausforderungen.

Einen großen Einfluss haben dabei die stetig steigenden Ströme und Spannungen. Zwar bewegen sich heutige HV-Bordnetze mit ihren Spannungen noch ein ganzes Stück unterhalb der Obergrenze der Niederspannung von DC 1 500 V, allerdings zeigt sich bereits heute, insbesondere im Bereich der Elektrifizierung von Nutzfahrzeugen, dass diese Grenze in absehbarer Zeit voll ausgeschöpft werden wird. Entsprechend müssen neue Schutzkonzepte entwickelt werden, denen sich weitere Auflagen dieses Buchs widmen werden.

Die Anforderungen für bereits heute im Feld verfügbare Ladeleistungen werden derzeit präzisiert und zwischen den technischen Experten der Fahrzeugindustrie (ISO) und Infrastrukturindustrie (IEC) abgestimmt.

Eine weitere große Herausforderung für die Zukunft ist die Rückspeisefähigkeit, die auch als bidirektionales Laden bezeichnet wird. Hinweise mehren sich, dass diese Betriebsart, z. B. durch eine mögliche Entlastung der Netze, zukünftig von größerer Bedeutung sein wird. Dies setzt jedoch zahlreiche Maßnahmen, sowohl auf der Kommunikationsebene wie auch im Bereich der elektrischen Sicherheit voraus.

Allgemein ist zu beobachten, dass die Systeme im Niederspannungsbereich zunehmend komplexer werden und die klassischen Produktgrenzen verschwimmen. Manche Thematik im Bereich der elektrischen Sicherheit erschließt sich erst auf Systemebene, was auch für die Normung im Anwendungsbereich der Elektromobilität eine große Herausforderung darstellt.

In Anbetracht dieser Aussichten wünschen sich die Autoren, dass das Interesse an den Grundlagen der elektrischen Sicherheit nicht verloren geht und sich auch zukünftig eine junge Generation von Experten findet, die sich ihrerseits in die oftmals zeitaufwendige, konsensorientierte Normung einbringt. Die im Vergleich zum allgemeinen Straßenverkehr sehr geringe Anzahl an ernsthaften Unfällen zeigt, wie hoch das elektrische Schutzniveau mittlerweile ist. Diesen Stand gilt es auch bei der zu erwartenden drastischen Zunahme von Ladevorgängen zu halten und wenn möglich weiter zu verbessern.

# Anhang A – Normenreferenzliste

Dieser informative Anhang A enthält eine Auflistung der in diesem Buch verwendeten Normen.

Entsprechend der Einleitung dieses Buchs gilt, dass die Normierung in aller Regel auf internationaler Ebene erfolgt und die internationalen Normen lediglich um europäische und nationale Deckblätter sowie Anhänge ergänzt werden.

Aus diesem Grund werden im Folgenden die internationalen Normenstände der Produktnormen der E-Fahrzeuge und der Ladeinfrastruktur dargestellt.

Bezüglich der Normung für die Errichtung und den Betrieb werden aufgrund nationaler Besonderheiten die nationalen Normenstände der Normenreihen DIN EN 61140 (**VDE 0140-1**):2016-11 und DIN VDE 0100 beschrieben.

Die **Tabelle A.1** soll den interessierten Leser bei der eigenen Recherche in der Normenwelt unterstützen.

Anmerkung: Einmalig zitierte Produktnormen deren Inhalte im Buch nicht behandelt wurden, sind in dieser Liste nicht enthalten.

| **Norm** | **Titel** | **Kapitel im Buch** |
|---|---|---|
| DIN EN 61140 (**VDE 0140-1**):2016-11 | Schutz gegen elektrischen Schlag – Gemeinsame Anforderungen für Anlagen und Betriebsmittel | 3.1.1, 3.1.2, 3.2, 3.2.1, D.1, I.1, I.2, I.3, I.4, J.1 |
| DIN EN 61557-8 (**VDE 0413-8**):2015-12 | Elektrische Sicherheit in Niederspannungsnetzen bis AC 1 000 V und DC 1 500 V – Geräte zum Prüfen, Messen oder Überwachen von Schutzmaßnahmen – Teil 8: Isolationsüberwachungsgeräte für IT-Systeme | 3.2.1, 3.2.2, 3.3.2, E.2.5 |
| DIN EN 61557-9 (**VDE 0413-9**):2015-10 | Elektrische Sicherheit in Niederspannungsnetzen bis AC 1 000 V und DC 1 500 V – Geräte zum Prüfen, Messen oder Überwachen von Schutzmaßnahmen – Teil 9: Einrichtungen zur Isolationsfehlersuche in IT-Systemen | 3.2.2, D.2.5 |
| DIN EN 62020 (**VDE 0663**):2005-11 | Elektrisches Installationsmaterial – Differenzstrom-Überwachungsgeräte für Hausinstallationen und ähnliche Verwendungen (RCMs) | E.2.2 |

**Tabelle A.1** Normenreferenzliste

| Norm | Titel | Kapitel im Buch |
|---|---|---|
| DIN VDE 0100-100 (**VDE 0100-100**):2009-06 | Errichten von Niederspannungsanlagen – Teil 1: Allgemeine Grundsätze, Bestimmungen allgemeiner Merkmale, Begriffe | C.1, C.2, C.3, C.4 |
| DIN VDE 0100-410 (**VDE 0100-410**):2018-10 | Errichten von Niederspannungsanlagen – Teil 4-41: Schutzmaßnahmen – Schutz gegen elektrischen Schlag | 1.5, 3.1.1, 3.2.1, 3.2.2, 3.3.2, C.4, D, E.2.2, E.2.5, G.1, H.3 |
| DIN VDE 0100-430 (**VDE 0100-430**):2010-10 | Errichten von Niederspannungsanlagen – Teil 4-43: Schutzmaßnahmen – Schutz bei Überstrom | D.2.3 |
| DIN VDE 0100-530 (**VDE 0100-530**):2018-06 | Errichten von Niederspannungsanlagen – Teil 530: Auswahl und Errichtung elektrischer Betriebsmittel – Schalt- und Steuergeräte | 3.1.2, 3.2.2, 3.1.2, D.1, E, G.1, G.2 |
| DIN VDE 0100-540 (**VDE 0100-540**):2012-06 | Errichten von Niederspannungsanlagen – Teil 5-54: Auswahl und Errichtung elektrischer Betriebsmittel – Erdungsanlagen und Schutzleiter | 3.1.2, 3.2.2, D.2.2, D.7 |
| DIN VDE 0100-722 (**VDE 0100-722**):2019-06 | Errichten von Niederspannungsanlagen – Teil 7-722: Anforderungen für Betriebsstätten, Räume und Anlagen besonderer Art – Stromversorgung von Elektrofahrzeugen | 2.3, 2.3.2, 3, 3.1.1, 3.2.2, G.1, G.2 |
| DIN IEC/TS 60479-1 (**VDE V 0140-479-1**): 2007-05 | Wirkungen des elektrischen Stromes auf Menschen und Nutztiere – Teil 1: Allgemeine Aspekte | F |
| DIN EN 60664-1 (**VDE 0110-1**):2008-01 | Isolationskoordination für elektrische Betriebsmittel in Niederspannungsanlagen – Teil 1: Grundsätze, Anforderungen und Prüfungen | 3.1.1, 3.1.2, 3.2.1 |
| DIN EN IEC 61851-1 (**VDE 0122-1**):2019-12 | Konduktive Ladesysteme für Elektrofahrzeuge – Teil 1: Allgemeine Anforderungen | 2.2.2, 2.3, 2.3.2, 2.3.3, 2.3.4, 3, 3.1.2, 3.2.1 |
| DIN EN 61851-23 (**VDE 0122-2-3**):2014-11 | Konduktive Ladesysteme für Elektrofahrzeuge – Teil 23: Gleichstromladestationen für Elektrofahrzeuge | 2.2.2, 2.3.3, 3, 3.1.2, 3.2.1, 3.2.2, 3.3.2 |
| DIN EN 62752 (**VDE 0666-10**):2017-04 | Ladeleitungsintegrierte Steuer- und Schutzeinrichtung für die Ladebetriebsart 2 von Elektro-Straßenfahrzeugen (IC-CPD) | 2.2.2, 2.3.2, 3.2.2 |
| DIN EN 62196-1 (**VDE 0623-5-1**):2015-06 | Stecker, Steckdosen, Fahrzeugkupplungen und Fahrzeugstecker – Konduktives Laden von Elektrofahrzeugen – Teil 1: Allgemeine Anforderungen | 3, 3.2.2 |

**Tabelle A.1** Normenreferenzliste

| Norm | Titel | Kapitel im Buch |
|---|---|---|
| DIN EN 62196-2 (**VDE 0623-5-2**):2017-11 | Stecker, Steckdosen, Fahrzeugkupplungen und Fahrzeugstecker – Konduktives Laden von Elektrofahrzeugen – Teil 2: Anforderungen und Hauptmaße für die Kompatibilität und Austauschbarkeit von Stift- und Buchsensteckvorrichtungen für Wechselstrom | 2.2.2, 2.3.4, 3 |
| DIN EN 62196-3 (**VDE 0623-5-3**):2015-05 | Stecker, Steckdosen und Fahrzeugsteckvorrichtungen – Konduktives Laden von Elektrofahrzeugen – Teil 3: Anforderungen an und Hauptmaße für Stifte und Buchsen für die Austauschbarkeit von Fahrzeugsteckvorrichtungen zum dedizierten Laden mit Gleichstrom und als kombinierte Ausführung zum Laden mit Wechselstrom/Gleichstrom | 2.2.2, 2.3.4, 3 |
| DIN IEC/TS 62840-1 (**VDE V 0122-40-1**): 2017-06 | Batteriewechselsysteme für Elektrofahrzeuge – Teil 1: Allgemeines und Leitfaden | 2.2.4 |
| DIN EN IEC 62840-2 (**VDE 0122-40-2**): 2019-08 | Batteriewechselsysteme für Elektrofahrzeuge – Teil 2: Sicherheitsanforderungen | 2.2.4 |
| IEC 62955:2018-03 | Residual direct current detecting device (RDC-DD) to be used for mode 3 charging of electric vehicles | 3.2.2, G.1 |
| IEC/TS 62196-3-1: 2020-03 | Plugs, socket-outlets, vehicle connectors and vehicle inlets – Conductive charging of electric vehicles – Part 3-1: Vehicle connector, vehicle inlet and cable assembly for DC charging intended to be used with a thermal management system | 2.2.2, 2.3.4 |
| ISO 6469-3:2018-10 | Electrically propelled road vehicles – Safety specifications – Part 3: Electrical safety | 2.2.2, 3, 3.1, 3.1.1, 3.1.2 |
| ISO 17409:2020-02 | Electrically propelled road vehicles – Conductive power transfer – Safety requirements | 2.2.2, 3, 3.1, 3.1.2 |
| VDE-Anwendungsregel VDE-AR-N 4100: 2019-04 | Technische Regeln für den Anschluss von Kundenanlagen an das Niederspannungsnetz und deren Betrieb (TAR Niederspannung) | 3.2.2 |

**Tabelle A.1** (*Fortsetzung*) Normenreferenzliste

# Anhang B – Verwendete Abkürzungen

| | |
|---|---|
| AC | Alternating Current |
| BEV | Battery Electric Vehicle |
| CCS | Combined Charging System |
| CEN | Comité Européen de Normalisation |
| CLC | European Committee for Electrotechnical Standardization |
| CP | Control Pilot |
| DC | Direct Current |
| DKE | Deutsche Kommission Elektrotechnik Elektronik Informationstechnik in DIN und VDE |
| EMCD | Electromagnetic Compatibility Directive |
| EMV | Elektromagnetische Verträglichkeit |
| EN | Europäische Norm |
| eREV | Electric Range Extender Vehicle |
| EV | Electric Vehicle |
| EVSE | Electric Vehicle Supply Equipment |
| FELV | Functional Extra Low Voltage |
| GAK | Gemeinschaftsarbeitskreis |
| GGEMO | Gemeinsame Geschäftsstelle Elektromobilität |
| HD | Harmonisierungsdokument |
| IC-CPD | In-Cable Control and Protection Device |
| IEC | International Electrotechnical Commission |
| IFLS | Insulation Fault Location System |
| IMD | Insulation Monitoring Device |
| ISO | International Organization for Standardization |

| | |
|---|---|
| ITU | International Telecommunication Union |
| LVD | Low Voltage Directive |
| NPE | Nationale Plattform Elektromobilität |
| ÖPNV | Öffentlicher Personennahverkehr |
| PE | Protective Earth |
| PELV | Protective Extra Low Voltage |
| PEN | Protective Earth and Neutral |
| PHEV | Plug-in Hybrid Electric Vehicle |
| PLC | Programmable Logic Controller |
| PP | Proximity Pilot |
| PRCD | Portable Residual Current Device |
| RCD | Residual Current Device |
| RCM | Residual Current Monitor |
| RED | Radio Equipment Directive |
| RESS | Rechargeable Energy Storage System |
| Schuko | Schutzkontakt |
| SELV | Safe Extra Low Voltage |
| TC | Technical Committee |
| TR | Technical Report |
| TS | Technical Specification |
| ÜK | Überspannungskategorie |
| VDE | Verband der Elektrotechnik Elektronik Informationstechnik e. V. |
| ZVEI | Zentralverband Elektrotechnik- und Elektronikindustrie e. V. |

# Anhang C – Elektrische Anlagen und Schutzmaßnahmen nach DIN VDE 0100 Teil 100 – Systeme nach Art der Erdverbindung

## C.1 Allgemeines

In der Norm DIN VDE 0100-100:2009-06 werden folgende drei Hauptversorgungssysteme nach Art der Erdverbindung berücksichtigt:

- TN-System,
- TT-System,
- IT-System.

Die verwendeten Kurzzeichen haben folgende Bedeutung:

- Erster Buchstabe – Beziehung des Stromversorgungssystems zur Erde:
  - T direkte Verbindung eines Punkts zur Erde,
  - I entweder alle aktiven Teile von Erde getrennt oder ein Punkt über eine hohe Impedanz mit Erde verbunden.
- Zweiter Buchstabe – Beziehung der Körper (von elektrischen Betriebsmitteln) der elektrischen Anlage zur Erde:
  - T direkte elektrische Verbindung der Körper (von elektrischen Betriebsmitteln) zur Erde, unabhängig von der etwa bestehenden Erdung eines Punkts des Versorgungssystems;
  - N direkte elektrische Verbindung der Körper (von elektrischen Betriebsmitteln) mit dem geerdeten Punkt des Versorgungssystems (in Wechselstromsystemen ist der geerdete Punkt des Versorgungssystems im Allgemeinen der Sternpunkt oder, falls ein Sternpunkt nicht vorhanden ist, ein Außenleiter).
- Weitere Buchstaben (falls vorhanden) – Anordnung des Neutralleiters und des Schutzleiters:
  - S Schutzfunktion, die durch einen vom Neutralleiter oder von dem geerdeten Außenleiter getrennten Leiter vorgesehen wird;
  - C Neutralleiter- und Schutzleiterfunktion, kombiniert in einem einzigen Leiter (PEN-Leiter).

**Bild C.1** zeigt eine schematische Darstellung der Versorgungssysteme. Hier wird besonders deutlich, wie sich das IT-System von TT- und TN-Systemen durch die Art der Erdverbindung unterscheidet.

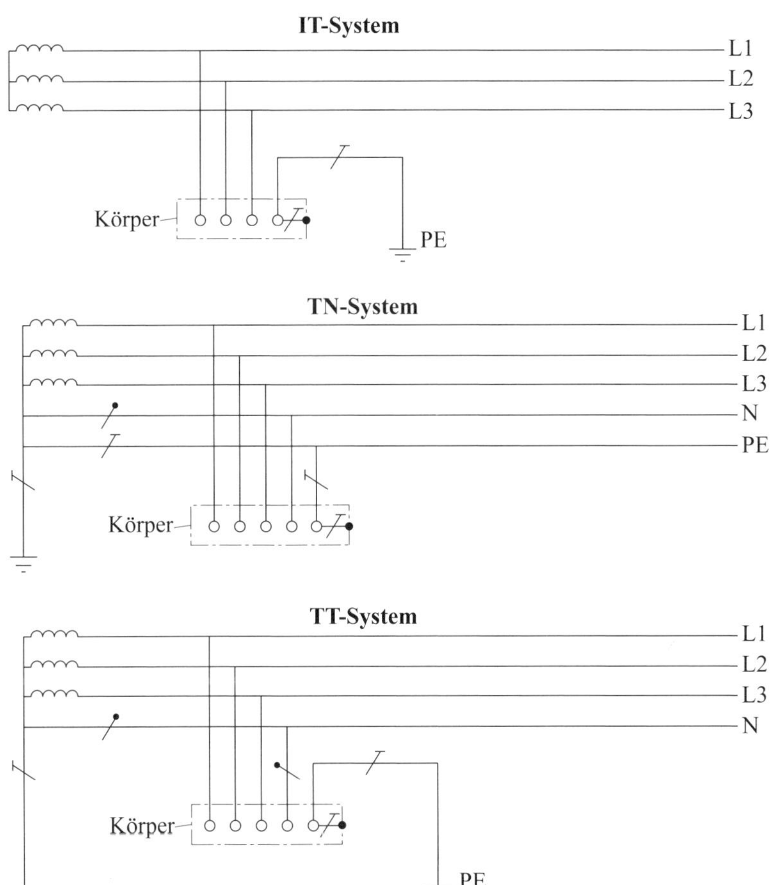


**Bild C.1** Art der Versorgungssysteme

Erklärung der Symbole in den Bildern C.1 bis C.4 nach DIN EN 60617-11 „Graphische Symbole für Schaltpläne – Teil 11: Gebäudebezogene und topographische Installationspläne und Schaltpläne".

| Symbol | Bedeutung |
|---|---|
| | Neutralleiter (N); Mittelleiter (M) |
| | Schutzleiter (PE) |
| | kombinierter Schutz- und Neutralleiter (PEN) |

## C.2 TN-Systeme

Im TN-Versorgungssystem bei Einfacheinspeisung ist ein Punkt direkt geerdet; die Körper (von elektrischen Betriebsmitteln) sind über Schutzleiter mit diesem Punkt verbunden. Drei Arten von TN-Systemen sind entsprechend der Anordnung des Neutralleiters und des Schutzleiters wie folgt zu unterscheiden:

- TN-S-System: Im gesamten System wird ein getrennter Schutzleiter verwendet (**Bild C.2**);
- TN-C-S-System: Neutralleiter und Schutzleiterfunktion sind in einem einzigen Leiter in einem Teil des Systems kombiniert;
- TN-C-System: Neutralleiter- und Schutzleiterfunktion sind in einem einzigen Leiter im gesamten System kombiniert.

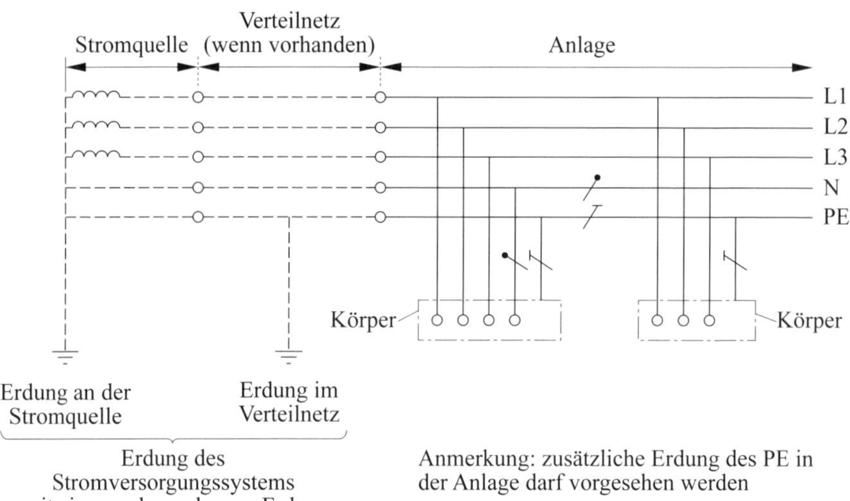


**Bild C.2** Beispiel für TN-S-System mit getrenntem Neutralleiter und Schutzleiter im gesamten System nach DIN VDE 0100-100:2009-06, Bild 31A1

## C.3 TT-Systeme

Im TT-Versorgungssystem ist nur ein Punkt direkt geerdet, und die Körper (von elektrischen Betriebsmitteln) der elektrischen Anlage sind mit Erdern verbunden, die unabhängig von den Erdern des Versorgungssystems (**Bild C.3**) sind.

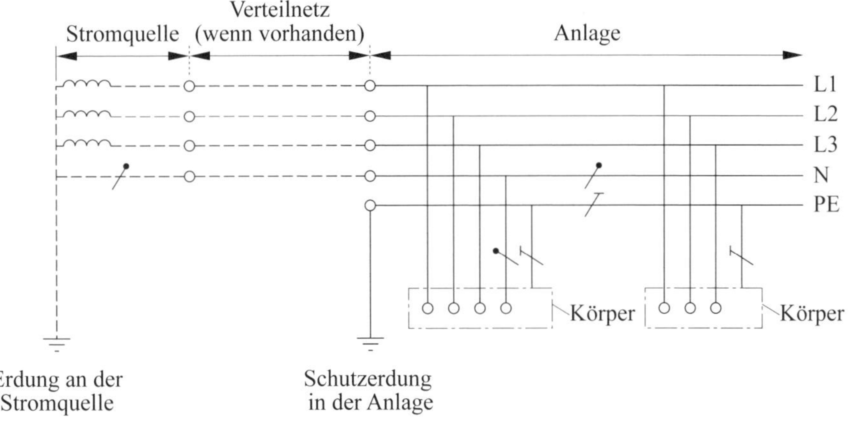


**Bild C.3** Beispiel für ein TT-System mit getrenntem Neutralleiter und Schutzleiter in der gesamten Anlage nach DIN VDE 0100-100:2009-06, Bild 31E1

Anmerkung: Eine zusätzliche Erdung des PE in der Anlage darf vorgesehen werden.

## C.4 IT-Systeme

Im IT-Versorgungssystem sind alle aktiven Teile von Erde getrennt, oder ein Punkt ist über eine Impedanz mit Erde verbunden. Die Körper (von elektrischen Betriebsmitteln) der elektrischen Anlage sind entweder

- einzeln geerdet oder
- gemeinsam geerdet oder
- gemeinsam mit der Erdung des Systems verbunden, in Übereinstimmung mit DIN VDE 0100-410:2018-10, Abschnitt 411.6 (**Bild C.4**).

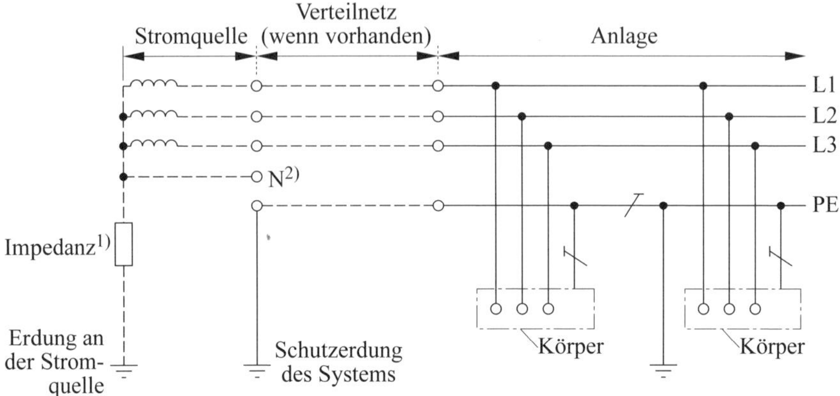


**Bild C.4** Beispiel von einem IT-System, in dem alle Körper (von elektrischen Betriebsmitteln) miteinander durch einen Schutzleiter verbunden sind, der gemeinsam geerdet ist nach DIN VDE 0100-100:2009-06, Bild 31G1

Anmerkungen:

- Schutzerdung in der Anlage darf vorgesehen werden, entweder als eine Alternative zu der Schutzerdung des Systems oder als eine zusätzliche Schutzvorkehrung. Diese Erdung in der Anlage braucht nicht am Speisepunkt angeordnet zu sein.
- Zusätzliche Erdung des PE in der Anlage darf vorgesehen werden.

  1. Das System darf mit Erde über eine ausreichend hohe Impedanz verbunden sein. Diese Verbindung darf gemacht werden, z. B. am Mittelpunkt oder künstlichen Mittelpunkt oder an einem Außenleiter. Erdung des IT-Systems über eine ausreichend hohe Impedanz wird in Deutschland nur für Mess- oder Funktionszwecke angewendet.
  2. Der Neutralleiter darf, aber muss nicht verteilt sein.

# Anhang D – Elektrische Anlagen und Schutzmaßnahmen nach DIN VDE 0100-410

## D.1 Allgemeines

Die Anwendung elektrischer Energie in allen Bereichen des täglichen Lebens und der daraus resultierende, selbstverständliche Umgang mit dieser Energie stellen hohe Anforderungen an die Sicherheit der elektrischen Anlagen. Eine elektrische Anlage besteht grundsätzlich aus zwei Systemen, dem Versorgungssystem und dem Schutzsystem.

Das Versorgungssystem soll den Verbraucher mit elektrischer Energie versorgen. Das Schutzsystem soll die Sicherheit von Menschen und Nutztieren gewährleisten.

DIN VDE 0100-410:2018-10 ist Teil der umfangreichen Normenreihe DIN VDE 0100, die sich mit dem Errichten von Niederspannungsanlagen mit Nennspannungen bis AC 1 000 V und DC 1 500 V befasst. In ihrer Funktion als Gruppensicherheitsnorm (GSP) für den Schutz gegen elektrischen Schlag ist DIN VDE 0100-410:2018-10 für alle technischen Komitees bindend.

Inhaltlich setzt DIN VDE 0100-410:2018-10 in Verbindung mit Abschnitt 531 von DIN VDE 0100-530 die Sicherheitsgrundnorm (BSP) DIN EN 61140 (**VDE 0140-1**):2016-11 „Schutz gegen elektrischen Schlag – Gemeinsame Bestimmungen für Anlagen und Betriebsmittel“ für den Schutz von Personen und Nutztieren für Niederspannungsanlagen um. Das heißt, es sind Anforderungen definiert, mit denen die in DIN EN 61140 (**VDE 0140-1**):2016-11 benannten Schutzmaßnahmen umzusetzen sind. Weitere Details zu DIN EN 61140 (**VDE 0140-1**):2016-11 sind in den Kapiteln I und J dieses Buchs beschrieben.

Der Anwendungsbereich von DIN VDE 0100-410:2018-10 enthält wesentliche Anforderungen für den Schutz gegen elektrischen Schlag, einschließlich Basis-, Fehler- und zusätzlichen Schutz von Personen und Nutztieren (siehe Kapitel J dieses Buchs) und behandelt die Anwendung und Koordinierung dieser Anforderungen in Beziehung zu äußeren Einflüssen.

Mit dem Schutz gegen elektrischen Schlag soll verhindert werden, dass ein gefährlicher elektrischer Strom durch den menschlichen Körper oder den Körper eines Tieres fließt. Dieser pathologische Effekt wird nicht nur im Sprachgebrauch der Normung, sondern auch im Volksmund als elektrischer Schlag bezeichnet.

Ganz allgemein muss eine Schutzmaßnahme bestehen aus

- einer geeigneten Kombination von zwei unabhängigen Schutzvorkehrungen, nämlich einer Basisschutzvorkehrung und einer Fehlerschutzvorkehrung oder
- einer verstärkten Schutzvorkehrung, die den Basisschutz und den Fehlerschutz bewirkt.

Zusätzlicher Schutz ist festgelegt als Teil einer Schutzmaßnahme unter bestimmten Bedingungen von äußeren Einflüssen und in bestimmten besonderen Räumlichkeiten, die in der Gruppe 700 der Reihe DIN VDE 0100 beschrieben sind.

In jedem Teil einer Anlage muss eine und dürfen mehrere Schutzmaßnahmen angewendet werden, wobei die Bedingungen der äußeren Einflüsse zu berücksichtigen sind.

Die folgenden vier Schutzmaßnahmen sind allgemein erlaubt:

- Schutz durch automatische Abschaltung der Stromversorgung;
- Schutz durch doppelte oder verstärkte Isolierung;
- Schutz durch Schutztrennung für die Versorgung eines Verbrauchsmittels;
- Schutz durch Kleinspannung mittels SELV oder PELV.

Die in der Anlage angewendeten Schutzmaßnahmen müssen bei der Auswahl und dem Errichten der Betriebsmittel berücksichtigt werden.

Die folgenden Unterkapitel geben die im Normentext enthaltenen Anforderungen in gekürzter Form wieder.

Für die jeweiligen Anwendungen ist immer der Originalnormentext heranzuziehen.

## D.2 Schutzmaßnahme: „Automatische Abschaltung der Stromversorgung"

Die wohl am häufigsten angewendete Schutzmaßnahme in elektrischen Anlagen ist der Schutz durch automatische Abschaltung der Stromversorgung.

Nach DIN VDE 0100-410:2018-10, Abschnitt 411 ist Schutz durch automatische Abschaltung der Stromversorgung eine Schutzmaßnahme, bei der

- der Basisschutz vorgesehen ist durch eine Basisisolierung der aktiven Teile oder durch Abdeckung oder Umhüllungen in Übereinstimmung mit Anhang A der Norm und
- der Fehlerschutz vorgesehen ist durch Schutzpotentialausgleich über die Haupterdungsschiene und automatische Abschaltung im Fehlerfall.

Wo diese Schutzmaßnahme angewendet wird, dürfen auch Betriebsmittel der Schutzklasse II verwendet werden.

Wo ein zusätzlicher Schutz durch Fehlerstrom-Schutzeinrichtung (RCD) mit einem Bemessungsdifferenzstrom, der 30 mA nicht überschreitet, festgelegt ist, ist dieser in Übereinstimmung mit DIN VDE 0100-410:2018-10, Abschnitt 415.1 vorzusehen.

Differenzstromüberwachungsgeräte (RCMs) dürfen verwendet werden, um Differenzströme in elektrischen Anlagen zu überwachen. Differenzstromüberwachungsgeräte lösen ein hörbares oder ein hör- und sichtbares Signal aus, wenn der vorgewählte Wert des Differenzstroms überschritten ist.

### D.2.1 Anforderungen an den Basisschutz

Alle elektrischen Betriebsmittel müssen mit einer der im Anhang A oder, wenn zutreffend, der im Anhang B beschriebenen Vorkehrungen für den Basisschutz übereinstimmen.

Die Anhänge der Norm sind in diesem Buch im Kapitel D.8 beschrieben.

### D.2.2 Anforderungen an den Fehlerschutz

DIN VDE 0100-410:2018-10, Abschnitt 411.3 beschreibt die Anforderungen an den Fehlerschutz. Erläutert werden hier Schutzerdung, Schutzpotentialausgleich, automatische Abschaltung im Fehlerfall und zusätzliche Maßnahmen.

#### D.2.2.1 Schutzerdung

Körper müssen mit einem Schutzleiter verbunden werden, unter den vorgegebenen Bedingungen für jedes System nach der Art der Erdverbindung, wie in den Abschnitten 411.4 und 411.6 der DIN VDE 0100-410:2018-10 angegeben.

Gleichzeitig berührbare Körper müssen mit demselben Erdungssystem einzeln, in Gruppen oder gemeinsam verbunden werden.

Schutzleiter müssen den Anforderungen für Schutzleiter nach DIN VDE 0100-540: 2012-06 entsprechen.

Für jeden Stromkreis muss ein Schutzleiter vorhanden sein, der durch Anschluss an die diesem Stromkreis zugeordnete Erdungsklemme oder Erdungsschiene geerdet ist.

#### D.2.2.2 Schutzpotentialausgleich

In jedem Gebäude müssen die eingeführten Metallteile, die geeignet sind eine gefährliche Potentialdifferenz zu verursachen, und die nicht Bestandteil der Elektroinstallation sind, mit der Haupterdungsschiene durch Schutzpotentialausgleichsleiter verbunden werden. Beispiele für solche Metallteile sind:

- Rohrleitungen von Versorgungssystemen, die in Gebäude eingeführt sind z. B. Gas, Wasser, Fernwärme-Systeme;
- fremde leitfähige Teile der Gebäudestruktur;
- berührbare Bewehrungen von Gebäudekonstruktionen aus Beton.

Wo solche leitfähigen Teile ihren Ausgangspunkt außerhalb des Gebäudes haben, müssen sie so nahe wie möglich an ihrer Eintrittsstelle innerhalb des Gebäudes miteinander verbunden werden.

Metallrohre, die in das Gebäude eindringen und einen isolierenden Abschnitt an ihrem Anfang haben, müssen nicht mit dem Schutzpotentialausgleich verbunden werden.

### D.2.2.3 Automatische Abschaltung im Fehlerfall

DIN VDE 0100-410:2018-10, Abschnitt 411.3.2.1 fordert, dass eine Schutzeinrichtung im Falle eines Fehlers mit vernachlässigbarer Impedanz

- zwischen dem Außenleiter und einem Körper oder
- einem Schutzleiter des Stromkreises oder
- dem Schutzleiter eines Betriebsmittels

die Versorgung zu den Außenleitern eines Stromkreises oder des Betriebsmittels in der geforderten Abschaltzeit automatisch unterbricht.

Diese Einrichtung muss zum Trennen mindestens der Außenleiter (des Außenleiters) geeignet sein.

Bei IT-Systemen ist die automatische Abschaltung bei Auftreten eines ersten Fehlers nicht unbedingt gefordert.

Anforderungen zur Abschaltung im Falle eines zweiten Fehlers, der an einem anderen Außenleiter auftritt, sind im Abschnitt zum IT-System geregelt.

#### Abschaltzeiten für TN- und TT-Systeme

Die in **Tabelle D.1** (entspricht DIN VDE 0100-410:2018-10, Tabelle 41.1) angegebenen max. Abschaltzeiten müssen für Endstromkreise mit einem Nennstrom nicht größer als

- 63 A mit einer oder mehreren Steckdosen, und
- 32 A, die ausschließlich fest angeschlossene elektrische Verbrauchsmittel versorgen,

angewendet werden.

In TN-Systemen ist eine Abschaltzeit nicht länger als 5 s für Verteilungsstromkreise und für Stromkreise mit Nennströmen größer 63 A erlaubt.

In TT-Systemen ist eine Abschaltzeit nicht länger als 1 s für Verteilungsstromkreise und für Stromkreise mit Nennströmen größer 63 A erlaubt (**Bild D.1**).

| System | $50\ V < U_0 \leq 120\ V$ | | $120\ V < U_0 \leq 230\ V$ | | $230\ V < U_0 \leq 400\ V$ | | $U_0 > 400\ V$ | |
|---|---|---|---|---|---|---|---|---|
| | AC | DC | AC | DC | AC | DC | AC | DC |
| TN | 0,8 s | [a)] | 0,4 s | 1 s | 0,2 s | 0,4 s | 0,1 s | 0,1 s |
| TT | 0,3 s | [a)] | 0,2 s | 0,4 s | 0,07 s | 0,2 s | 0,04 s | 0,1 s |
| Wenn in TT-Systemen die Abschaltung durch eine Überstromschutzeinrichtung erreicht wird und alle fremden leitfähigen Teile in der Anlage an den Schutzpotentialausgleich über die Haupterdungsschiene angeschlossen sind, darf die für TN-Systeme anwendbare Abschaltzeit verwendet werden. $U_0$ ist die Nennwechselspannung oder Nenngleichspannung Außenleiter gegen Erde. | | | | | | | | |
| Anmerkung: Wenn für die Abschaltung einer Fehlerstrom-Schutzeinrichtung (RCD) vorgesehen wird, sind weitere Anmerkungen zu beachten. [a)] Eine Abschaltung kann aus anderen Gründen als dem Schutz gegen elektrischen Schlag verlangt sein. | | | | | | | | |

**Tabelle D.1** Maximale Abschaltzeiten nach DIN VDE 0100-410:2018-10, Tabelle 41.1

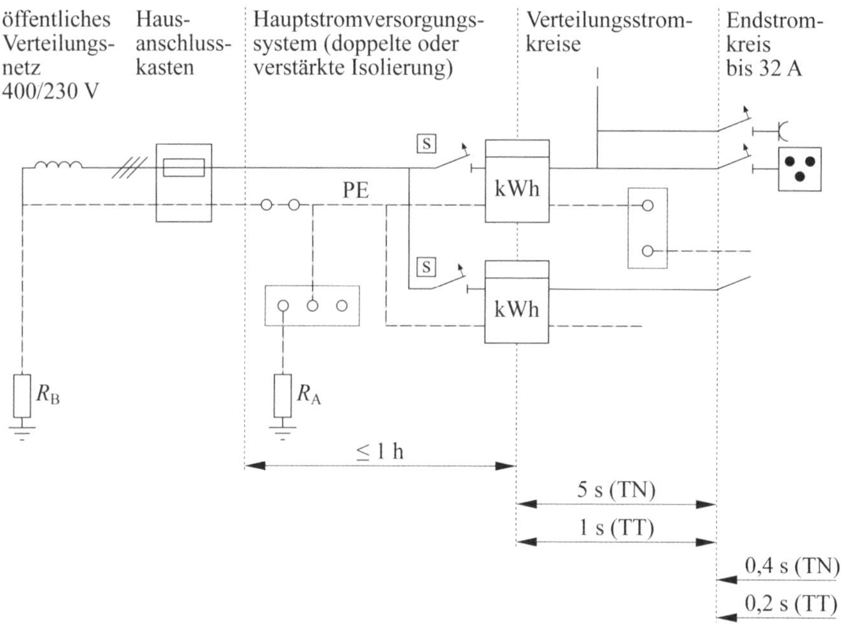


**Bild D.1** Abschaltzeiten für Stromkreise in TN- und TT-Systemen mit einer Nennwechselspannung von 400/230 V
(Quelle: ZVEI)

Hinweis der Autoren: Die dargestellten Zeiten – unabhängig von AC oder DC, Netzform und Spannungsebene – müssen unter den ungünstigsten Bedingungen eingehalten werden. Das heißt, es müssen Einflüsse wie z. B. die höchstmögliche Fehlerschleifenimpedanz sowie auftretende Unterspannungen beachtet werden. Der niedrigste Kurzschlussstrom muss in der Lage sein, dass die Schutzeinrichtung auslöst, was in der Praxis z. B. bei Schmelzsicherungen zu Problemen führen kann.

Wenn die Abschaltung der Stromversorgung durch eine Überstromschutzeinrichtung nicht erreicht werden kann oder für den Zweck die Verwendung einer Fehlerstrom-Schutzeinrichtung (RCD) nicht möglich ist, können im DIN VDE 0100-410:2018-10, Anhang D der Norm aufgezeigten Alternativen angewendet werden. Hierzu ist die im Folgenden dargestellte Anmerkung der Norm zu beachten, die als Grauschattierung lediglich national, d. h. in Deutschland, gültig ist:

*Anmerkung: Wenn automatische Abschaltung in der geforderten Abschaltzeit nach DIN VDE 0100-410:2018-10, Abschnitt 411.3.2 weder mit Überstromschutzeinrichtungen noch mit Fehlerstrom-Schutzeinrichtungen (RCDs) angewendet werden kann, empfiehlt sich folgende Vorgehensweise:*

a. *Prüfung, ob eine andere Schutzmaßnahme nach DIN VDE 0100-410:2018-10, Abschnitt 410.3.3 ebenso anwendbar ist, oder*

b. *Anwendung von DIN VDE 0100-410:2018-10, Anhang D für Stromkreise, die Leistungshalbleiter-Umrichtersysteme oder Leistungshalbleiterbetriebsmittel enthalten und nach Erreichen des Werts von AC 50 V bzw. DC 120 V eine automatische Abschaltung der Stromversorgung innerhalb von 5 s erfolgt.*

Hinweis der Autoren: Nach dieser Anmerkung ist mit dem Erscheinen der neuen Ausgabe der Norm DIN VDE 0100-410:2018-10 zum ersten Mal die Möglichkeit gegeben, neben der Abschaltung, die Spannung auf ein ungefährliches Maß zu reduzieren.

Wenn die automatische Abschaltung aus unterschiedlichen Gründen nicht in der geforderten Zeit erreicht werden kann, muss ein zusätzlicher Schutzpotentialausgleich vorgesehen werden.

**Weitere Anforderungen für Steckdosen in Endstromkreisen und für die Versorgung von ortsveränderlichen Betriebsmitteln für den Außenbereich**

Eine Fehlerstrom-Schutzeinrichtung (RCD) mit einem Bemessungsdifferenzstrom nicht größer als 30 mA muss vorgesehen werden für

- Steckdosen in Endstromkreisen für Wechselstrom (AC) mit einem Bemessungsstrom nicht größer als 32 A, die für die Benutzung durch Laien und zur allgemeinen Verwendung bestimmt sind.
- Endstromkreise mit fest angeschlossenen, ortsveränderlichen Betriebsmitteln für Wechselstrom (AC) zur Verwendung im Außenbereich mit einem Bemessungsstrom nicht größer als 32 A.

DIN VDE 0100-410:2018-10, Abschnitt 411.3.3 gilt nicht für IT-Systeme, bei denen der AC-Fehlerstrom im Falle eines ersten Fehlers 15 mA nicht überschreitet.

Da es aufgrund der Komplexität und der schwierigen Beurteilung der Struktur und der Ausdehnung eines IT-Systems nicht sichergestellt ist, dass die bestimmungsgemäße Funktion von Fehlerstrom-Schutzeinrichtungen (RCDs) erfolgt, bleibt deren Einsatz in Steckdosenstromkreisen eine Ausnahme.

**Zusätzliche Anforderungen für Leuchtenstromkreise in TN- und TT-Systemen**

In Wohnungen müssen Fehlerstrom-Schutzeinrichtungen (RCDs) mit einem Bemessungsfehlerstrom nicht größer als 30 mA für Endstromkreise für Wechselstrom (AC), die Leuchten enthalten, vorgesehen werden.

### D.2.3 TN-Systeme

DIN VDE 0100-410:2018-10, Abschnitt 411.4 legt die Anforderungen an TN-Systeme fest.

In TN-Systemen hängt die Erdung der elektrischen Anlage von der zuverlässigen und wirksamen Verbindung des PEN-Leiters oder Schutzleiters mit Erde ab. Wo die Erdung durch ein öffentliches oder anderes Versorgungssystem vorgesehen ist, liegen die notwendigen Bedingungen außerhalb der elektrischen Anlage in der Verantwortlichkeit des Verteilungsnetzbetreibers.

Der Neutral- oder der Mittelpunkt des Versorgungssystems muss geerdet werden. Wenn ein Neutral- oder Mittelpunkt nicht verfügbar oder nicht zugänglich ist, muss ein Außenleiter geerdet werden.

Körper der Anlage müssen durch einen Schutzleiter mit der Haupterdungsschiene der Anlage verbunden sein, die mit dem geerdeten Punkt des Stromversorgungssystems verbunden ist.

Wenn andere wirksame Erdverbindungen bestehen, wird empfohlen, dass die Schutzleiter ebenfalls mit diesen Punkten, wo immer möglich, verbunden werden. Eine Erdung an zusätzlichen, möglichst gleichmäßig verteilten Punkten kann notwendig sein, um sicherzustellen, dass die Potentiale der Schutzleiter im Fehlerfall so wenig wie möglich vom Erdpotential abweichen.

In fest installierten Anlagen darf ein einzelner Leiter als Schutzleiter und als Neutralleiter (PEN-Leiter) dienen. In den PEN-Leiter darf aber keine Schalt- oder Trenneinrichtung eingesetzt werden.

Die Kennwerte der Schutzeinrichtungen und die Stromkreisimpedanzen müssen die folgende Anforderung erfüllen:

$$Z_s = \frac{U_0}{I_a}$$

Dabei sind:

$I_a$ Strom in Ampere, der das automatische Abschalten der Abschalteinrichtung innerhalb einer angegebenen Zeit bewirkt; wird eine Fehlerstrom-Schutzeinrichtung (RCD) verwendet, ist dieser Strom der Fehlerstrom, der die Abschaltung innerhalb der in Tabelle D.1 in diesem Buch (entspricht DIN VDE 0100-410:2018-10, Tabelle 41.1) angegebenen Zeit vorsieht;

$U_0$ die Nennwechselspannung oder die Nenngleichspannung in Volt, Außenleiter gegen Erde;

$Z_s$ Impedanz der Fehlerschleife, bestehend aus der Stromquelle, dem Außenleiter, dem Schutzleiter.

In TN-Systemen dürfen folgende Schutzeinrichtungen für den Fehlerschutz verwendet werden:

- Überstromschutzeinrichtungen,
- Fehlerstrom-Schutzeinrichtungen (RCDs).

Wenn eine Fehlerstrom-Schutzeinrichtung (RCD) für den Fehlerschutz verwendet wird, sollte der Stromkreis ebenfalls durch eine Überstromschutzeinrichtung nach DIN VDE 0100-430:2010-10 geschützt sein.

In TN-C-Systemen darf keine Fehlerstrom-Schutzeinrichtung (RCD) verwendet werden.

### D.2.4 TT-Systeme

DIN VDE 0100-410:2018-10, Abschnitt 411.5 legt die Anforderungen an TT-Systeme fest.

Alle Körper, die gemeinsam durch dieselbe Schutzeinrichtung geschützt werden, müssen durch Schutzleiter an einen gemeinsamen Erder angeschlossen werden. Wenn mehrere Schutzeinrichtungen in Reihe verwendet werden, gilt diese Anforderung jeweils getrennt für alle Körper, die durch dieselbe Schutzeinrichtung geschützt werden.

Der Neutralpunkt oder der Mittelpunkt des Versorgungssystems muss geerdet werden. Wenn ein Neutralpunkt oder ein Mittelpunkt nicht verfügbar oder nicht zugänglich ist, muss ein Außenleiter geerdet werden.

In TT-Systemen sind im Allgemeinen Fehlerstrom-Schutzeinrichtungen (RCDs) für den Fehlerschutz zu verwenden. Alternativ dürfen Überstromschutzeinrichtungen für den Fehlerschutz unter der Voraussetzung verwendet werden, dass ein geeignet niedriger Wert von $Z_s$ dauerhaft und zuverlässig sichergestellt ist.

Wenn eine Überstromschutzeinrichtung für den Fehlerschutz verwendet wird, muss die folgende Bedingung erfüllt werden:

$$Z_s \leq \frac{U_0}{I_a}$$

Dabei ist:

$I_a$ der Strom, der das automatische Abschalten der Abschalteinrichtung innerhalb der in DIN VDE 0100-410:2018-10, Abschnitt 411.3.2.2 oder der in DIN VDE 0100-410:2018-10, Abschnitt 411.3.2.4 angegebenen Zeit bewirkt;

$U_0$ die Nennwechselspannung oder Nenngleichspannung Außenleiter gegen Erde;

$Z_s$ die Impedanz der Fehlerschleife, bestehend aus der Stromquelle, dem Außenleiter bis zum Fehlerort, dem Schutzleiter der Körper, dem Erdungsleiter, dem Anlagenerder und dem Erder der Stromquelle.

Wenn eine Fehlerstrom-Schutzeinrichtung (RCD) für den Fehlerschutz verwendet wird, müssen die in DIN VDE 0100-410:2018-10, Abschnitt 411.2.2.3 dargestellten Abschaltzeiten und die folgende Bedingung eingehalten werden:

$$R_A \leq \frac{50\ \text{V}}{I_{\Delta n}}$$

Dabei ist:

$I_{\Delta n}$ der Bemessungsdifferenzstrom in Ampere der Fehlerstrom-Schutzeinrichtung (RCD);

$R_A$ die Summe der Widerstände in Ohm des Erders und des Schutzleiters der Körper.

### D.2.5 IT-Systeme

DIN VDE 0100-410:2018-10, Abschnitt 411.6 legt die Anforderungen an ungeerdete IT-Systeme fest.

In IT-Systemen müssen die aktiven Teile entweder gegen Erde isoliert sein oder über eine ausreichend hohe Impedanz mit Erde verbunden werden. Diese Verbindung darf entweder am Neutralpunkt oder am Mittelpunkt des Versorgungssystems oder an einem künstlichen Neutralpunkt vorgesehen werden. Der künstliche Neutralpunkt darf unmittelbar mit Erde verbunden werden, wenn die resultierende Nullimpedanz bei der Frequenz des Versorgungssystems ausreichend groß ist. Wenn kein Neutralpunkt oder Mittelpunkt ausgeführt ist, darf ein Außenleiter über eine hohe Impedanz mit Erde verbunden werden.

Der Fehlerstrom ist dann bei Auftreten eines Einzelfehlers gegen einen Körper oder gegen Erde niedrig, und die automatische Abschaltung ist nicht gefordert, vorausgesetzt, die Bedingungen an $R_A$ und $I_d$ sind erfüllt. Es müssen jedoch Vorkehrungen getroffen werden, um das Risiko gefährlicher pathophysiologischer Einwirkungen auf eine Person, die in Verbindung mit gleichzeitig berührbaren Körpern steht, im Falle von zwei gleichzeitig auftretenden Fehlern zu vermeiden.

Die Körper müssen einzeln, gruppenweise oder gemeinsam geerdet sein.

In Wechselstromsystemen muss die folgende Bedingung erfüllt sein, um die Berührungsspannung zu begrenzen auf:

$$R_A \cdot I_d \leq 50\ \text{V}$$

Dabei ist:

$I_d$ der Fehlerstrom in Ampere beim ersten Fehler mit vernachlässigbarer Impedanz zwischen einem Außenleiter und einem Körper. Der Wert von $I_d$ berücksichtigt die Ableitströme und die Gesamtimpedanz der elektrischen Anlage gegen Erde;

$R_A$ die Summe der Widerstände in Ohm des Erders und des Schutzleiters zum jeweiligen Körper.

In Gleichstromsystemen wird die Begrenzung der Berührungsspannung nicht berücksichtigt, weil der Wert von $I_d$ als vernachlässigbar klein angesehen wird.

In IT-Systemen dürfen die folgenden Überwachungs- und Schutzeinrichtungen verwendet werden:

- Isolationsüberwachungseinrichtungen (IMDs);
- Differenzstromüberwachungseinrichtungen (RCMs);
- Einrichtungen zur Isolationsfehlersuche (IFLS);
- Überstromschutzeinrichtungen;
- Fehlerstrom-Schutzeinrichtungen (RCDs).

Wenn eine Fehlerstrom-Schutzeinrichtung (RCD) verwendet wird, kann beim Auftreten eines ersten Fehlers ein Abschalten der Fehlerstrom-Schutzeinrichtung (RCD) aufgrund von kapazitiven Ableitströmen nicht ausgeschlossen werden.

#### D.2.5.1 IT-Systeme ohne Abschaltung beim ersten Isolationsfehler

Werden IT-Systeme so geplant, dass beim ersten Isolationsfehler keine Abschaltung erfolgt, muss der erste Fehler durch eine der folgenden Einrichtungen gemeldet werden:

- Isolationsüberwachungseinrichtung (IMD), die mit einer Einrichtung zur Isolationsfehlersuche (IFLS) kombiniert werden kann;
- Differenzstromüberwachungseinrichtung (RCM), unter der Voraussetzung, dass der Differenzstrom ausreichend groß ist, um erfasst zu werden.

Anmerkung: Differenzstromüberwachungseinrichtungen (RCMs) können keine symmetrischen Isolationsfehler erkennen.

Die Einrichtung muss ein hörbares und/oder sichtbares Signal erzeugen, das so lange andauert, wie der Fehler besteht. Dieses Signal kann durch einen Relaisausgang, einen elektronischen Schalter oder über ein Kommunikationsprotokoll erzeugt werden.

Die optische und/oder akustische Meldung muss an einer geeigneten Stelle so angeordnet werden, dass sie von zuständigen Personen wahrgenommen wird.

Wenn sowohl hörbare als auch sichtbare Signale vorhanden sind, ist es zulässig, das hörbare Signal abzuschalten.

*Es wird empfohlen, dass ein erster Isolationsfehler so schnell wie praktisch möglich beseitigt wird.*

Zusätzlich darf eine Einrichtung zur Isolationsfehlersuche (IFLS) in Übereinstimmung mit DIN EN 61557-9 (**VDE 0413-9**):2015-10 vorgesehen werden, um den Ort des ersten Isolationsfehlers von einem aktiven Teil zu Körpern von elektrischen Betriebsmitteln zu Erde oder einem anderen Bezugspunkt anzuzeigen.

### D.2.5.2 IT-Systeme nach Auftreten eines zweiten Fehlers

Nach dem Auftreten eines ersten Fehlers müssen folgende Bedingungen für die Abschaltung der Stromversorgung im Falle eines zweiten Fehlers, der sich auf einem anderen Außenleiter ereignet, erfüllt werden.

**Wenn die Körper durch Schutzleiter miteinander verbunden und gemeinsam über dieselbe Erdungsanlage geerdet sind, gelten die Bedingungen vergleichbar zum TN-System und die folgenden Bedingungen müssen erfüllt werden.**

In Wechselstromsystemen ohne Neutralleiter und in Gleichstromsystemen ohne Mittelleiter:

$$Z_s \leq \frac{U}{2 \cdot I_a} \qquad \text{(D.1)}$$

oder wenn in solchen Systemen der Neutralleiter bzw. der Mittelleiter verteilt ist

$$Z_s' \leq \frac{U_0}{2 \cdot I_a} \qquad \text{(D.2)}$$

Dabei sind:

$I_a$ Strom, der die Funktion der Schutzeinrichtung innerhalb der in DIN VDE 0100-410:2018-10, Abschnitt 411.3.2.2 für TN-Systeme oder

der in DIN VDE 0100-410:2018-10, Abschnitt 411.3.2.3 geforderten Zeit bewirkt;

$U$ Nennwechselspannung oder Nenngleichspannung zwischen Außenleitern;

$U_0$ Nennwechselspannung oder Nenngleichspannung zwischen Außenleiter und Neutralleiter oder Mittelleiter, wie zutreffend;

$Z_s$ Impedanz der Fehlerschleife, bestehend aus dem Neutralleiter und dem Schutzleiter des Stromkreises;

$Z'_s$ Impedanz der Fehlerschleife, bestehend aus dem Außenleiter und dem Schutzleiter des Stromkreises.

Zu den Gl. (D.1) und Gl. (D.2) gibt es in DIN VDE 0100-410:2018-10 folgende Anmerkungen:

- Die (in Tabelle D.1 dieses Buchs (entspricht DIN VDE 0100-410:2018-10, Tabelle 41.1)) für TN-Systeme angegebene Abschaltzeit wird für IT-Systeme mit oder ohne Verteilung von Neutralleiter oder Mittelleiter angewendet.
- Der Faktor 2 in Gl. (D.1) und Gl. (D.2) berücksichtigt, dass beim gleichzeitigen Auftretenden von zwei Fehlern die Fehler in verschiedenen Stromkreisen bestehen können.
- Für die Impedanz der Fehlerschleife sollte der ungünstigste Fall berücksichtigt werden, z. B. ein Fehler am Außenleiter an der Stromquelle und gleichzeitig ein anderer Fehler an einem Außenleiter einer anderen Phase bzw. am Neutralleiter eines elektrischen Verbrauchsmittels des betrachteten Stromkreises.

*Wenn die Körper gruppenweise oder einzeln geerdet sind, gilt die folgende Bedingung:*

$$R_a \le \frac{50\ \text{V}}{I_a}$$

Dabei ist:

$I_a$ der Strom in Ampere, der die Funktion der Schutzeinrichtung innerhalb der für TT-Systeme oder der in Norm geforderten Zeit bewirkt (siehe Tabelle D.1 dieses Buchs (entspricht DIN VDE 0100-410:2018-10, Tabelle 41.1));

$R_A$ die Summe der Widerstände in Ohm des Erders und des Schutzleiters für die Körper.

## D.3 FELV

Nach DIN VDE 0100-410:2018-10, Abschnitt 411.7 gibt es zusätzlich zu den Schutzmaßnahmen TT-, TN- und IT-System noch die Vorkehrung FELV.

Die Funktionskleinspannung (engl. Functional Extra Low Voltage, FELV, früher „Funktionskleinspannung ohne sichere Trennung") ist eine kleine elektrische Spannung, die hinsichtlich ihrer Höhe an sich keine Gefahr beim Berühren darstellt, ihre Erzeugung beinhaltet jedoch keine Schutzmaßnahmen, die im Fehlerfall Gefahren ausschließen.

In Fällen, in denen aus Funktionsgründen eine Nennspannung, die 50 V Wechselspannung oder 120 V Gleichspannung nicht überschreitet, angewendet wird, aber nicht alle Anforderungen bezüglich SELV oder PELV (siehe DIN VDE 0100-410:2018-10, Abschnitt 414) erfüllt sind, und in denen SELV oder PELV nicht notwendig ist, müssen die ergänzenden Vorkehrungen angewendet werden, um den Basisschutz und den Fehlerschutz sicherzustellen. Diese Kombination von Vorkehrungen wird FELV genannt.

### Basisschutz muss vorgesehen werden

- entweder durch Basisisolierung in Übereinstimmung mit DIN VDE 0100-410: 2018-10, Anhang A.1 und entsprechend der Nennspannung des Primärstromkreises der Stromquelle
- oder durch Abdeckungen oder Umhüllungen in Übereinstimmung mit DIN VDE 0100-410:2018-10, Anhang A.2.

### Der Fehlerschutz muss vorgesehen werden

Die Körper der Betriebsmittel des FELV-Stromkreises müssen mit dem Schutzleiter des Primärstromkreises der Stromquelle verbunden werden, vorausgesetzt, der Primärstromkreis ist geschützt durch die in DIN VDE 0100-410:2018-10, Abschnitt 411.3 und eine der in den Abschnitten 411.4 bis 411.6 der DIN VDE 0100-410:2018-10 beschriebenen Schutzmaßnahmen zur automatischen Abschaltung der Stromversorgung.

**Stromquellen für FELV-Vorkehrungen**

Die Stromquelle für das FELV-System muss entweder ein Transformator mit zumindest einfacher Trennung zwischen den Wicklungen sein oder sie muss die Anforderungen in DIN VDE 0100-410:2018-10, Abschnitt 414.3 erfüllen.

Stecker und Steckdosen für FELV-Systeme müssen mit den folgenden Anforderungen übereinstimmen:

- Stecker dürfen nicht in Steckdosen für andere Spannungssysteme eingeführt werden können;
- in Steckdosen dürfen keine Stecker für andere Spannungssysteme eingeführt werden können;
- Steckdosen müssen einen Schutzkontakt haben.

## D.4 Schutzmaßnahme: doppelte oder verstärkte Isolierung

DIN VDE 0100-410:2018-10, Abschnitt 412 beschreibt die Anforderungen an die Schutzmaßnahme doppelte oder verstärkte Isolierung.

Allgemein ist eine doppelte oder verstärkte Isolierung eine Schutzmaßnahme in der:

- der Basisschutz durch Basisisolierung vorgesehen ist und der Fehlerschutz durch eine zusätzliche Isolierung vorgesehen ist oder
- der Basisschutz und Fehlerschutz durch verstärkte Isolierung zwischen aktiven Teilen und berührbaren Teilen vorgesehen ist.

Diese Schutzmaßnahme ist vorgesehen, um bei Fehlern in der Basisisolierung das Auftreten einer gefährlichen Spannung an dann berührbaren Teilen der elektrischen Betriebsmittel zu verhindern.

Die Schutzmaßnahme durch doppelte oder verstärkte Isolierung ist in allen Situationen anwendbar, es sei denn, in Gruppe 700 der Reihe DIN VDE 0100 gibt es Einschränkungen.

In Fällen, wo diese Schutzmaßnahme als alleinige Schutzmaßnahme angewendet wird (z. B. wenn für einen Stromkreis oder einen Teil einer Anlage vorgesehen ist, nur Betriebsmittel mit doppelter oder verstärkter Isolierung zu errichten), muss nachgewiesen werden, dass effektive Maßnahmen ergriffen werden, z. B. wirksame

Überwachung, sodass keine Änderung durchgeführt werden kann, die die Wirksamkeit dieser Schutzmaßnahme beeinträchtigt.

Diese Schutzmaßnahme darf deshalb nicht für Stromkreise mit Steckdosen mit einem Erdungskontakt angewendet werden. Alle Betriebsmittel sind mit dem in **Bild D.2** dargestellten Symbol gekennzeichnet.

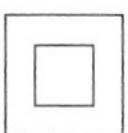

**Bild D.2** Betriebsmittel der Schutzklasse II nach IEC 60417 – 5172

Weiterhin werden in DIN VDE 0100-410:2018-10, Abschnitt 412 Angaben zu Umhüllungen der genannten Betriebsmittel und zu Ausführung der Kabel- und Leitungsanlagen gegeben.

## D.5 Schutzmaßnahme Schutztrennung

DIN VDE 0100-410:2018-10, Abschnitt 413 beschreibt die Schutzmaßnahme Schutztrennung.

Schutztrennung ist eine Schutzmaßnahme, bei der der Basisschutz vorgesehen ist durch Basisisolierung der aktiven Teile oder durch Abdeckungen oder Umhüllungen in Übereinstimmung mit DIN VDE 0100-410:2018-10, Anhang A und der Fehlerschutz die Anwendung einer Stromquelle mit mindestens einfacher elektrischer Trennung sowie die Erdfreiheit des Stromkreises beinhaltet.

Das heißt, der Stromkreis muss von einer Stromquelle mit mindestens einfacher Trennung versorgt werden, und die Spannung des Stromkreises mit Schutztrennung darf nicht größer als 500 V sein.

Weiterhin dürfen aktive Teile des Stromkreises mit Schutztrennung an keinem Punkt mit einem anderen Stromkreis oder mit Erde oder mit einem Schutzleiter verbunden werden.

Für Stromkreise mit Schutztrennung wird die Verwendung einer getrennten Kabel- und Leitungsanlage empfohlen.

Diese Schutzmaßnahme ist auf die Versorgung eines elektrischen Betriebsmittels durch eine ungeerdete Stromquelle mit einfacher Trennung beschränkt.

## D.6 Schutzmaßnahme: Schutz durch Kleinspannung mittels SELV oder PELV

Diese Schutzmaßnahme wird in DIN VDE 0100-410:2018-10, Abschnitt 414 beschrieben.

Der Schutz durch Kleinspannung ist eine Schutzmaßnahme, die aus einer oder zwei unterschiedlichen Wechselspannungssystemen besteht und SELV oder PELV bezeichnet wird.

Bei dieser Schutzmaßnahme ist gefordert:

- Die Begrenzung der Spannung auf AC 50 V oder DC 120 V und
- sichere Trennung der Stromkreise von allen anderen Stromkreisen, die nicht SELV- oder PELV-Stromkreise sind und
- Basisisolierung zwischen dem SELV- oder PELV-System und anderen SELV- und PELV-Systemen und
- nur für SELV-Systeme Basisisolierung zwischen dem SELV-System und Erde.

## D.7 Zusätzlicher Schutz

DIN VDE 0100-410:2018-10, Abschnitt 415 schreibt einen zusätzlichen Schutz.

Ein zusätzlicher Schutz kann zusammen mit den Schutzmaßnahmen unter bestimmten Bedingungen von äußeren Einflüssen und in bestimmten speziellen Bereichen festgelegt sein (siehe Gruppe 700 der Reihe DIN VDE 0100).

**Der zusätzliche Schutz kann durch Fehlerstrom-Schutzeinrichtungen (RCDs) erreicht werden.**

Die Verwendung von Fehlerstrom-Schutzeinrichtungen (RCDs) mit einem Bemessungsdifferenzstrom, der 30 mA nicht überschreitet, hat sich in Wechselstromsystemen als zusätzlicher Schutz beim Versagen von Vorkehrungen für den Basisschutz und/oder von Vorkehrungen für den Fehlerschutz oder bei Sorglosigkeit durch die Benutzer bewährt.

Die Verwendung solcher Einrichtung ist nicht als alleiniges Mittel des Schutzes gegen elektrischen Schlag anerkannt und schließt nicht die Notwendigkeit aus, eine der

Schutzmaßnahmen nach den Abschnitten 411 bis 414 der DIN VDE 0100-410:2018-10 anzuwenden.

**Der zusätzliche Schutz durch zusätzlichen Schutzpotentialausgleich**

Der zusätzliche Schutzpotentialausgleich wird als ein Zusatz zum Fehlerschutz angesehen.

Das Verwenden des zusätzlichen Potentialausgleichs schließt nicht die Notwendigkeit aus, die Stromversorgung aus anderen Gründen abzuschalten, z. B. aus Gründen des Brandschutzes.

Die Bemessung des Schutzpotentialausgleichsleiters erfolgt nach DIN VDE 0100-540: 2012-06.

## D.8 Anhänge von DIN VDE 0100-410

Die Anhänge A, B, C und D von DIN VDE 0100-410:2018-10 sind normativ und im Folgenden auszugsweise beschrieben.

### D.8.1 Anhang A (normativ), Vorkehrungen für den Basisschutz unter normalen Bedingungen

Vorkehrungen für den Basisschutz sehen den Schutz unter normalen Bedingungen vor, und sie werden verwendet, wo sie als ein Teil der gewählten Schutzmaßnahme festgelegt sind. Dies kann erreicht werden durch:

**Basisisolierung aktiver Teile**

Hier besagt die Norm DIN VDE 0100-410:2018-10, dass die Isolierung dafür bestimmt ist, das Berühren aktiver Teile zu verhindern. Danach müssen aktive Teile vollständig mit einer Isolierung abgedeckt sein, die nur durch Zerstörung entfernt werden kann. Für Betriebsmittel muss die Isolierung mit der entsprechenden Norm für diese Betriebsmittel übereinstimmen.

### Abdeckungen oder Umhüllungen

Abdeckungen oder Umhüllungen sind dafür bestimmt, das Berühren aktiver Teile zu verhindern.

Wenn hinter einer Abdeckung oder einer Umhüllung Betriebsmittel errichtet sind, die nach ihrem Abschalten gefährliche elektrische Ladungen behalten (Kapazitäten usw.), ist eine Warnaufschrift erforderlich.

## D.8.2 Anhang B (normativ), Vorkehrungen für den Basisschutz unter besonderen Bedingungen – Hindernisse und Anordnung außerhalb des Handbereichs

Die Schutzvorkehrungen „Schutz durch Hindernisse" und „Schutz durch Anordnung außerhalb des Handbereichs" sehen nur den Basisschutz vor. Sie sind ausschließlich zur Anwendung in Anlagen mit oder ohne Fehlerschutz vorgesehen, die nur von Elektrofachkräften oder elektrotechnisch unterwiesenen Personen betrieben und überwacht werden.

Die Bedingungen der Überwachung, bei der die Schutzvorkehrungen für den Basisschutz nach DIN VDE 0100-410:2018-10, Anhang B als Teil der Schutzmaßnahme angewendet werden dürfen, sind in DIN VDE 0100-410:2018-10, Abschnitt 410.3.5 angegeben.

### Hindernisse

Hindernisse sind vorgesehen, um unabsichtliches Berühren aktiver Teile zu verhindern, aber nicht das absichtliche Berühren durch bewusstes Umgehen des Hindernisses.

### Anordnung außerhalb des Handbereichs

Der Schutz durch Anordnen außerhalb des Handbereichs ist nur dafür vorgesehen, ein unbeabsichtigtes Berühren aktiver Teile zu verhindern. Gleichzeitig berührbare Teile unterschiedlichen Potentials dürfen nicht innerhalb des Handbereichs angeordnet sein.

Zwei Teile werden als gleichzeitig berührbar angesehen, wenn sie nicht mehr als 2,5 m voneinander entfernt angeordnet sind.

### D.8.3 Anhang C (normativ) – Schutzvorkehrungen zur ausschließlichen Anwendung, wenn die Anlage nur durch Elektrofachkräfte oder elektrotechnisch unterwiesene Personen betrieben und überwacht wird

Die Bedingungen der Überwachung, bei der die Schutzvorkehrungen für den Fehlerschutz (Schutz bei indirektem Berühren) nach DIN VDE 0100-410:2018-10, Anhang C als Teil der Schutzmaßnahme angewendet werden dürfen, sind in den allgemeinen Anforderungen nach DIN VDE 0100-410:2018-10, Abschnitt 410.3.6 angegeben.

**Nicht leitende Umgebung**

Diese Schutzmaßnahme ist dafür vorgesehen, ein gleichzeitiges Berühren von Teilen, die durch Fehler der Basisisolierung aktiver Teile ein unterschiedliches Potential haben, zu verhindern. Alle elektrischen Betriebsmittel müssen mit einer der in DIN VDE 0100-410:2018-10, Anhang A beschriebenen Schutzvorkehrungen für den Basisschutz (Schutz gegen direktes Berühren) ausgestattet sein.

**Schutz durch erdfreien örtlichen Schutzpotentialausgleich**

Der erdfreie, örtliche Schutzpotentialausgleich ist dafür vorgesehen, das Auftreten einer gefährlichen Berührungsspannung zu verhindern.

**Schutztrennung mit mehr als einem Verbrauchsmittel**

Schutztrennung eines einzelnen Stromkreises ist dafür vorgesehen, Ströme zu verhindern, die einen elektrischen Schlag bei Berühren von Körpern verursachen, die durch einen Fehler der Basisisolierung des Stromkreises unter Spannung stehen können.

Es müssen Vorsichtsmaßnahmen getroffen werden, um den getrennten Stromkreis vor Beschädigung und Isolationsfehlern zu schützen.

Es muss sichergestellt werden, dass beim Auftreten von je einem Fehler in zwei verschiedenen Betriebsmitteln in unterschiedlichen Außenleitern eine Schutzeinrichtung die Stromversorgung in der vorgegebenen Zeit abschaltet.

Es wird empfohlen, dass das Produkt aus der Nennspannung des Stromkreises in Volt und der Länge der Kabel- und Leitungsanlage in Metern den Wert 100 000 nicht überschreiten sollte und dass die Länge der Kabel- und Leitungsanlage 500 m nicht überschreiten sollte.

### D.8.4 Anhang D (normativ) – Vorkehrungen, wenn automatische Abschaltung in der geforderten Zeit nach Abschnitt 411.3.2 nicht erreicht werden kann

Dieser neue Teil der Norm DIN VDE 0100-410:2018-10 fasst eine Maßnahme zusammen, die angewendet werden kann, wenn die Schutzmaßnahme automatische Abschaltung der Stromversorgung in der geforderten Zeit nach DIN VDE 0100-410:2018-10, Abschnitt 411.3.2 nicht erreicht werden kann.

Gründe für das Nichterreichen der Abschaltzeiten sind nach DIN VDE 0100-410: 2018-10, Abschnitt D.1, entweder, dass elektronische Geräte mit begrenztem Kurzschlussstrom installiert sind (gilt für Anlagen mit Leistungshalbleiter-Umrichtersystemen und -Betriebsmitteln) oder die geforderte Abschaltzeit durch eine Schutzeinrichtung aufgrund einer zu hochohmigen Fehlerschleifenimpedanz nicht erreicht werden kann.

Für den erstgenannten Fall der Anlagen mit Leistungshalbleiter-Umrichtersystemen und -Betriebsmitteln ist die Ausgangsspannung der Stromquelle im Falle eines Fehlers gegen einen Schutzleiter oder gegen Erde innerhalb der in Kapitel D.2.2 dieses Buchs beschriebenen Zeiten auf AC 50 V oder DC 120 V zu reduzieren.

Für alle anderen Systeme ist ein Schutzpotentialausgleich nach DIN VDE 0100-410: 2018-10, Abschnitt 415.2 vorzusehen und die Spannung zwischen gleichzeitig berührbaren leitfähigen Teilen ist auf max. AC 50 V oder DC 120 V zu begrenzen.

### D.8.5 Anhang ZA (normativ) – Besondere nationale Bedingungen

Der normative Anhang ZA von DIN VDE 0100-410:2018-10 listet die besonderen nationalen Bedingungen der CEN/CENELEC-Länder auf.

Besondere nationale Bedingungen sind nationale Gegebenheiten oder nationale Praktiken, die auch nicht über einen längeren Zeitraum geändert werden können, z. B. klimatische Bedingungen, elektrische Erdungsbedingungen.

Für Länder, in denen die entsprechenden nationalen Bedingungen anzuwenden sind, sind diese Maßnahmen normativ, für die anderen Länder informativ.

Die besonderen nationalen Bedingungen für Deutschland sind bereits im Normentext der DIN VDE 0100-410:2018-10 eingearbeitet und grau schattiert hinterlegt. Deshalb gibt es für Deutschland nur eine Anmerkung, die darauf hinweist.

Es gibt zudem noch besondere nationale Bedingungen für Italien, Niederlande und Norwegen.

### D.8.6 Anhang ZB (informativ) – A-Abweichungen

Der informative Anhang ZB listet die nationalen A-Abweichungen auf.

A-Abweichungen sind nationale Abweichungen, die auf Vorschriften beruhen, deren Veränderung zum gegenwärtigen Zeitpunkt außerhalb der Kernkompetenz der CEN/CENELEC Mitglieds liegt.

A-Abweichungen bestehen für Belgien, Frankreich, Finnland, Irland, Norwegen, Spanien, Schweden und der Schweiz.

# Anhang E – Elektrische Anlagen und Schutzmaßnahmen nach DIN VDE 0100-530

In diesem Kapitel sind Abschnitte der Norm in gekürzter Form soweit wiedergegeben, wie sie für die Anwendung in der Elektromobilität von Bedeutung sind.

## E.1 Allgemeine und gemeinsame Anforderungen

Dieser Teil der DIN VDE 0100 behandelt allgemeine Anforderungen für Trennen, Schalten, Steuern und Überwachen und die Anforderungen für die Auswahl und das Errichten von Einrichtungen, die dazu vorgesehen sind, solche Funktionen zu erfüllen.

Jedes Teil der Ausrüstung muss so ausgewählt und errichtet werden, dass die Anforderungen, die in den folgenden Abschnitten dieses Teils enthalten sind, eingehalten werden. Außerdem sind die Grundsätze und die relevanten Regeln in anderen Teilen der Normenreihe DIN VDE 0100 einzuhalten. Alle Schaltkontakte mehrpoliger Einrichtungen zum Trennen und Schalten müssen mechanisch so gekoppelt sein, dass sie praktisch gleichzeitig schließen und gleichzeitig öffnen.

Die Schaltkontakte von mehrpoligen Schalteinrichtungen, die für den Anschluss des Neutralleiters oder Mittelleiters gekennzeichnet sind, dürfen vor den anderen Kontakten schließen und nach den anderen Kontakten öffnen. Eine Schalteinrichtung im Neutralleiter allein ist nicht erlaubt. Schutzeinrichtungen dürfen nicht zum betriebsmäßigen Schalten von Stromkreisen vorgesehen werden.

## E.2 Einrichtungen zum Schutz gegen elektrischen Schlag durch automatische Abschaltung der Stromversorgung

### E.2.1 Allgemeines

Einrichtungen zum Schutz gegen elektrischen Schlag durch automatische Abschaltung der Stromversorgung müssen zum Trennen nach DIN VDE 0100-460 und DIN VDE 0100-530:2018-06, Abschnitt 537 geeignet sein.

In den folgenden Abschnitten sind Anforderungen an die Auswahl von Einrichtungen zum Schutz gegen elektrischen Schlag durch automatische Abschaltung der Stromversorgung enthalten.

In TN-, TT- und IT-Systemen dürfen die folgenden Schutzeinrichtungen verwendet werden:

- Überstromschutzeinrichtungen
  nach DIN VDE 0100-530:2018-06, Abschnitt 531.2;
- Fehlerstrom-Schutzeinrichtungen (RCDs)
  nach DIN VDE 0100-530:2018-06, Abschnitt 531.3.

Zusätzlich dürfen in IT-Systemen die folgenden Überwachungseinrichtungen zur Erkennung von Isolationsfehlern verwendet werden:

- Isolationsüberwachungseinrichtungen (IMDs)
  nach DIN VDE 0100-530:2018-06, Abschnitt 538.1;
- Einrichtungen zur Isolationsfehlersuche (IFLS)
  nach DIN VDE 0100-530:2018-06, Abschnitt 538.2;
- Differenzstromüberwachungseinrichtungen (RCMs)
  nach DIN VDE 0100-530:2018-06, Abschnitt 538.4.

### E.2.2 Auswahl von Schutz- und Überwachungseinrichtungen

In Bereichen, in denen nach DIN VDE 0100-420 ein besonderes Brandrisiko besteht, müssen vorbeugende Brandschutzmaßnahmen getroffen werden. Dies kann in Abhängigkeit einer Risikoanalyse auch für andere Bereiche der elektrischen Anlage gelten.

Bei der Auswahl von Schutz- und Überwachungseinrichtungen sind evtl. Auswirkungen, z. B. durch höher frequente Fehlerströme oder Gleichfehlerströme oder zu hohe Ableitströme, auf die bestimmungsgemäße Funktion zu berücksichtigen.

Die Differenzstromüberwachungseinrichtungen (RCMs) müssen mit den Anforderungen nach DIN EN 62020 (**VDE 0663**):2005-11 übereinstimmen und in Verbindung mit einem Schaltgerät, das zum Trennen geeignet ist, betrieben werden. Weiterhin müssen Differenzstromüberwachungseinrichtungen (RCMs) am Anfang des Endstromkreises errichtet werden und dürfen einen Ansprechdifferenzstrom von 300 mA nicht übersteigen. Im Falle einer Überschreitung müssen von den Differenzstromüberwachungseinrichtungen (RCMs) akustische und optische Signale bereitgestellt werden.

Die Anforderungen von DIN VDE 0100-410:2018-10, Abschnitt 411.6.3.1 für Isolationsüberwachungseinrichtungen (IMDs) sind vorrangig zu berücksichtigen.

### E.2.3 Einrichtungen zum Trennen

Einrichtungen zum Trennen müssen ausdrücklich in der zutreffenden Produktnorm für die Trennfunktion ausgewiesen sein und in Übereinstimmung mit DIN VDE 0100-530:2018-06, Anhang B dieser Norm ausgewählt werden. Halbleiter haben diese Eigenschaft, entsprechend DIN VDE 0100-530:2018-06, Abschnitt 537.2.2, nicht und dürfen entsprechend nicht zum Trennen eingesetzt werden.

### E.2.4 Einrichtungen zum Schalten

Einrichtungen zum betriebsmäßigen Schalten und Einrichtungen zum Steuern müssen in Übereinstimmung mit DIN VDE 0100-530:2018-06, Anhang B dieser Norm ausgewählt werden und für die ungünstigsten zu erwartenden Bedingungen ausgelegt sein. Die Charakteristik der zu schaltenden Last muss in Betracht gezogen werden (z. B. Gebrauchskategorie).

Anmerkung: Halbleiter-Schaltgeräte und einige Steuereinrichtungen sind Beispiele für Einrichtungen, die den Stromkreis unterbrechen können, ohne entsprechende Pole zu öffnen.

### E.2.5 Einrichtungen zur Überwachung für IT-Systeme/Isolationsüberwach ungseinrichtungen (IMDs)

Zur Überwachung dürfen unter anderem Isolationsüberwachungseinrichtungen (IMDs) für IT-Systeme eingesetzt werden, die den Anforderungen der Norm DIN EN 61557-8 (**VDE 0413-8**):2015-12 entsprechen und in Übereinstimmung mit den Anforderungen in DIN VDE 0100-410:2018-10, Abschnitt 411.6.3.1 errichtet wurden.

Eine Isolationsüberwachungseinrichtung (IMD) dient der ständigen Überwachung des Isolationswiderstands eines IT-Systems und löst einen Alarm aus, wenn der Isolationswiderstand $R_F$ niedriger ist als der Ansprechwert $R_a$.

$R_a$ ist der Ansprechwert der Isolationsüberwachungseinrichtung (IMD) wie in DIN EN 61557-8 (**VDE 0413-8**) beschrieben. $R_F$ ist der Isolationswiderstand zwischen dem angeschlossenen System und entweder Erde, der PE-Verbindung oder einem anderen Bezugspunkt für den Potentialausgleich.

Hinsichtlich der korrekten Installation sind folgende Punkte zu beachten:

- IMDs müssen so nahe wie möglich am Anfang des zu überwachenden Teils der Anlage errichtet werden.
- Es müssen Anweisungen darüber vorliegen, dass bei Erkennung eines Isolationsfehlers gegen Erde durch das IMD der Isolationsfehler lokalisiert und beseitigt werden muss, um innerhalb der kürzest möglichen Zeit die normalen Betriebsbedingungen wiederherzustellen.
- Falls das IT-System für die Versorgungssicherheit eingesetzt wird, muss der erste Isolationsfehler an einer geeigneten Stelle angezeigt werden, sodass er von elektrotechnisch unterwiesenen Personen (BA4) oder Elektrofachkräften (BA5) optisch und/oder akustisch erkannt werden kann.
- Es wird empfohlen, ein IMD zu verwenden, die eine Unterbrechung der Messanschlüsse zu den aktiven Leitern und zur Erde meldet.

Ein IMD muss symmetrisch oder einpolig zwischen den aktiven Leitern und Erde oder der PE-Verbindung oder einem anderen Bezugspunkt für den Potentialausgleich angeschlossen werden.

Wenn in einem mehrphasigen System das IMD zwischen einem Außenleiter und Erde angeschlossen wird, muss die Klemme für den Außenleiter und die Erdungsklemme des IMDs eine Spannungsfestigkeit aufweisen, die mindestens der verketteten Spannung entspricht.

Für Gleichstromanlagen muss (müssen) die Außenleiterklemme(n) der Isolationsüberwachungseinrichtung (IMD) entweder direkt mit dem Mittelpunkt, falls vorhanden, oder mit einem (allen) Außenleiter(n) verbunden werden:

- Der Versorgungsstromkreis der Isolationsüberwachungseinrichtungen (IMDs) muss entweder mit dem gleichen Stromkreis der Anlage, an dem auch die Außenleiterklemme angeschlossen ist, und so nahe wie möglich am Speisepunkt des Systems oder an einer Hilfsstromquelle angeschlossen sein.
- Der Anschluss an die Anlage muss so gewählt werden, dass die Isolationsüberwachungseinrichtung (IMD) in der Lage ist, den Isolationszustand der Anlage in allen Betriebsbedingungen zu überwachen.
- Wenn die Anlage von mehreren parallel geschalteten Stromversorgungen versorgt wird, muss für jede Einspeisung eine Isolationsüberwachungseinrichtung (IMD) vorgesehen werden, die so verriegelt sind, dass nur eine Isolationsüberwachungseinrichtung (IMD) wirksam ist. Alle anderen Isolationsüberwachungseinrichtungen (IMDs) überwachen die abgeschalteten Stromversorgungen, damit ein späteres Wiedereinschalten dieser Stromversorgungen nur möglich ist, wenn kein Isolationsfehler vorhanden ist.
- Isolationsüberwachungseinrichtungen (IMDs) müssen in der Lage sein, den Isolationswiderstand des Netzes zu messen, auch wenn Gleichstromanteile im Fehlerstrom verursacht durch elektronische Betriebsmittel, z. B. Gleichrichter oder Umrichter, enthalten sind.
- Wenn das zu überwachende System Gleichstromanteile enthält (aufgrund elektronischer Geräte, z. B. Gleichrichter oder Umrichter), müssen entsprechende Isolationsüberwachungseinrichtungen (IMDs) ausgewählt werden.

Grundsätzlich gilt zur Einstellung von Isolationsüberwachungseinrichtungen (IMDs), dass diese über eine Auswahl an Einstellwerten verfügen und an die jeweilige Anlage angepasst werden müssen. Dabei muss die Isolationsüberwachungseinrichtung (IMD) auf einen Wert eingestellt werden, der unter dem üblichen Isolationswiderstand des Systems unter Maximallast liegt. Weiterhin darf die Einstellung der Isolationsüberwachungseinrichtung (IMD) nur durch elektrotechnisch unterwiesene Personen (BA4) oder Elektrofachkräfte (BA5) durchgeführt werden und nur mithilfe eines Schlüssels, eines Werkzeugs oder eines Passworts möglich sein.

Anmerkung: Ein Wert von 100 Ω/V (300 Ω/V zur Vorwarnung) der Netznennspannung ist ein typischer Einstellwert.

# Anhang F – Gefährdung des Menschen durch Körperströme

## F.1 Allgemeines

Der Umgang mit elektrischen Anlagen und Geräten birgt für den Menschen zwei grundsätzliche Gefahren:

- die unmittelbare Einwirkung elektrischer Energie auf den Menschen beim Stromfluss durch seinen Körper;
- die mittelbare Einwirkung durch Schadensereignisse, die durch elektrische Energie ausgelöst werden, z. B. Brand oder Schaltvorgänge.

Beim Stromfluss durch den menschlichen Körper ist der elektrische Strom selbst der Gefahrenträger, der bei Durchgang durch den menschlichen Körper dessen Funktion negativ beeinflusst (Herzkammerflimmern, Muskellähmung) oder die Körpersubstanz verändert (Koagulationen, Verbrennungen).

Dieser Umstand grenzt die Gefährdung aufgrund elektrischer Körperdurchströmungen eindeutig von den übrigen Gefährdungen durch elektrische Energie ab. Wirkt bei der Körperdurchströmung der elektrische Strom unmittelbar auf den menschlichen Körper ein, so tritt bei Brandverletzungen, Lichtbogenverbrennungen und Verblitzungen die elektrische Energie lediglich mittelbar als Ursache in Erscheinung; die auf den Menschen schädigend einwirkenden Energieformen sind z. B. Wärme und Strahlung. Gleichzeitig tritt meist eine hohe Gefährdung von Sachwerten auf, z. B. durch Lichtbögen ausgelöste Brände. Lässt man die auslösende Ursache außer Betracht, so ist eine derartige Gefährdung auch in anderen technischen Anlagen gegeben, während die Gefährdung durch Körperdurchströmung eine für den Umgang mit elektrischen Anlagen spezifische Gefährdungsart darstellt.

Eine Körperdurchströmung kann dabei aus zwei verschiedenen Gründen auftreten:

- durch direktes Berühren von im Normalbetrieb unter Spannung stehenden (aktiven) Teilen elektrischer Betriebsmittel. Dies setzt die Überwindung der normalerweise zwischen Mensch und aktivem Teil befindlichen Abdeckungen, Umhüllungen, Abstände oder Hindernissen voraus;
- durch indirektes Berühren, d. h. Berühren von im Normalbetrieb spannungsfreien Teilen elektrischer Betriebsmittel, die jedoch im Fehlerfall Spannung führen

können. Die Berührung dieser Teile, der sog. Körper, erfolgt beim Umgang mit elektrischem Betriebs- und Verbrauchsmittel fast zwangsläufig.

Liegt eine dieser Berührungsarten vor, so hängt die Höhe der Gefährdung von zwei Größen ab:

- von der Höhe der vom Menschen überbrückten Spannung und von den verschiedenen Widerständen des menschlichen Körpers, die in ihrer Summe die Größe des Stroms bestimmen;
- von der Einwirkdauer des Stroms auf den menschlichen Organismus.

## F.2 Wirkung des elektrischen Stromes auf Menschen und Nutztiere nach DIN IEC/TS 60479-1 (VDE V 0140-479-1)

In den späten 1960er-Jahren begann eine Arbeitsgruppe der IEC mit den Arbeiten an einem IEC-Report über die Wirkung des elektrischen Stroms auf den Menschen. Die Ergebnisse wurden mit dem IEC-Report 479 im Jahr 1974 erstmalig vorgestellt. Doch die praktische Anwendung dieses Reports zeigte verschiedene Schwierigkeiten. Dabei waren die Angaben über den Körperwiderstand so lückenhaft, dass neue Forschungen unumgänglich waren. Es war überhaupt nicht bekannt, welche Werte der Körperwiderstand lebender Menschen bei höheren Spannungen annimmt, denn Messungen an Leichen erlaubten nur vergleichsweise grobe Schätzungen in Bezug auf den lebenden Organismus. Deshalb wurden von Professor Biegelmeier († 2007) in Österreich schon 1976 Messungen am eigenen Körper durchgeführt, und zwar mit Berührungsspannungen bis zu 200 V. Weitere Versuche und Messungen haben den Grundstein zur experimentellen Elektropathologie gelegt und den Anstoß zur Revision des IEC-Reports 479 gegeben.

Die Revision des IEC-Reports 479 wurde im Jahr 1984 abgeschlossen. Auf der einen Seite enthielt selbst die zweite Auflage dieses wichtigen Berichts noch viele Lücken, auf der anderen Seite bildete der Bericht eine solide und wissenschaftlich fundierte Grundlage für weitere Arbeiten. Spätere Forschungsergebnisse über andere Gefahrenparameter, insbesondere von Wellenform und Stromfrequenz sowie der Körperimpedanz des menschlichen Körpers führten zu weiteren Erkenntnissen. Danach wurde eine dritte Auflage erarbeitet, deren Veröffentlichung im Jahre 1994 erfolgte. Diese kann betrachtet als logischer Ausbau und Entwicklung des Technischen Reports IEC 479 werden, ein Konzept, das mittlerweile aus mehreren Teilen besteht. Veröffentlicht wurden diese Teile in Deutschland bisher als Vornormenreihe DIN IEC/TS 60479-*x* (**VDE V 0140-479-*x***). **Tabelle F.1** fasst alle wichtigen Informationen zusammen. Durch den technischen Fortschritt und neue Erkenntnisse laufen sowohl auf nationaler als auch europäischer bzw. internationaler Ebene Überarbeitungen dieser Normenreihe.

Tabelle F.1 zeigt die bisher in Deutschland veröffentlichten Normen.

| **DIN-Nr.** | **VDE-Klassifikation** | **Normentitel** | **Untertitel** | **Ausgabe-datum** |
|---|---|---|---|---|
| DIN IEC/TS 60479-1 | VDE V 0140-479-1 | Wirkungen des elektrischen Stromes auf Menschen und Nutztiere | Teil 1: Allgemeine Aspekte | 2007-05 |
| DIN V VDE V 0140-479-3 | VDE V 0140-479-3 | Wirkungen des elektrischen Stromes auf Menschen und Nutztiere | Teil 3: Wirkungen von Strömen durch den Körper von Nutztieren | 2001-04 |
| DIN V VDE V 0140-479-4 | VDE V 0140-479-4 | Wirkungen des Stromes auf Menschen und Nutztiere | Teil 4: Wirkungen von Blitzschlägen auf Menschen und Nutztiere | 2005-10 |

**Tabelle F.1** Normenreihe DIN IEC 60479 (**VDE V 0140-479**)

### F.2.1 Anwendungsbereich

Der Anwendungsbereich von DIN IEC/TS 60479-1 (**VDE V 0140-479-1**):2007-05 lautet:

*„Für einen gegebenen Stromweg durch den menschlichen Körper hängt die Gefahr für Personen hauptsächlich von der Größe und Dauer des Stromflusses ab. Jedoch sind die Zeit-Stromstärke-Bereiche, die in den folgenden Abschnitten festgelegt sind, in der Praxis in vielen Fällen nicht direkt zur Bemessung des Schutzes gegen elektrischen Schlag anwendbar. Das notwendige Kriterium ist die zulässige Grenze der Berührungsspannung (d. h. das Produkt aus dem Wert des Stroms durch den Körper, dem sog. Berührungsstrom und der Körperimpedanz) als Funktion der Zeit. Die Beziehung zwischen Strom und Spannung ist nicht linear, weil sich die Impedanz des menschlichen Körpers mit der Berührungsspannung ändert und daher Angaben*

*über diese Beziehung erforderlich sind. Die verschiedenen Teile des menschlichen Körpers – wie Haut, Blut, Muskeln, Gelenke und andere Gewebe – bieten dem elektrischen Strom eine gewisse Impedanz, bestehend aus ohmschen und kapazitiven Komponenten.*

*Die Werte dieser Impedanzen hängen von einer Anzahl von Einflüssen ab, insbesondere vom Stromweg, der Berührungsspannung, der Dauer des Stromflusses, der Frequenz, dem Grad der Feuchte der Haut, der Größe der Berührungsfläche, dem ausgeübten Druck und der Temperatur.*

*Die in dieser Technischen Spezifikation angegebenen Impedanzwerte ergeben sich aus einer gründlichen Überprüfung der verfügbaren experimentellen Ergebnisse von Messungen an Leichen und an einigen Personen.*

*Das Wissen über die Wirkungen von Wechselströmen stützt sich in erster Linie auf die Erkenntnisse hinsichtlich der Wirkungen des Stroms bei den in elektrischen Anlagen gebräuchlichsten Frequenzen von 50 Hz oder 60 Hz. Die genannten Werte werden jedoch auch für einen Frequenzbereich von 15 Hz bis 100 Hz als anwendbar betrachtet, weil Schwellenwerte in diesem Bereich höher sind als die im Bereich 50 Hz oder 60 Hz. Es wird dabei grundsätzlich die Gefahr des Herzkammerflimmerns als Hauptgrund für tödliche Unfälle betrachtet.*

*Unfälle mit Gleichstrom sind wesentlich weniger häufig, als von der Anzahl der Gleichstromanwendungen her zu erwarten ist, und tödliche Unfälle ereignen sich nur unter sehr ungünstigen Umständen, z. B. in Bergwerken. Das ist zum Teil dadurch verursacht, dass bei Gleichstrom das Loslassen der umfassten Teile weniger schwierig ist und dass für Zeiten eines elektrischen Schlags länger als ein Herzzyklus die Schwelle des Herzkammerflimmerns beträchtlich höher ist als bei Wechselstrom.“*

### F.2.2 Begriffe

- Körperinnenimpedanz $Z_i$: Impedanz zwischen zwei Elektroden in Berührung mit zwei Teilen des menschlichen Körpers bei Vernachlässigung der Hautimpedanz.
- Hautimpedanz $Z_s$: Impedanz zwischen einer auf der Haut aufliegenden Elektrode und dem darunter liegenden leitfähigen Gewebe.
- Gesamtkörperimpedanz $Z_T$: vektorielle Summe der Körperinnenimpedanz und der Hautimpedanzen (siehe **Bild F.1**).
- Gesamtkörperwiderstand $R_T$ (Wirkung bei Gleichstrom): Summe des Körperinnenwiderstands und der Hautwiderstände.

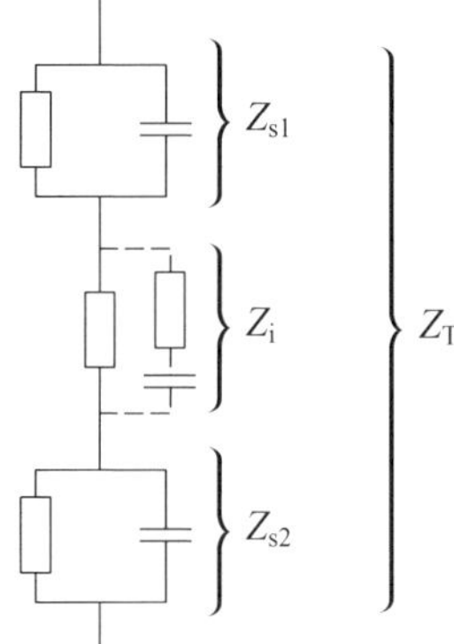


**Bild F.1** Impedanzen des menschlichen Körpers nach DIN IEC/TS 60479-1 (**VDE V 0140-479-1**):2007-05, Bild 1

Dabei sind:

$Z_i$ Körperinnenimpedanz,

$Z_{s1}$, $Z_{s2}$ Hautimpedanz,

$Z_T$ Gesamtkörperimpedanz.

## F.2.3 Elektrische Impedanz des menschlichen Körpers

Die Werte der Körperimpedanz nach DIN IEC/TS 60479-1 (**VDE V 0140-479-1**): 2007-05 hängen von zahlreichen Faktoren ab und insbesondere vom Stromweg, der Berührungsspannung, der Durchströmungsdauer, der Frequenz, dem Feuchtigkeitszustand der Haut, der Größe der Berührungsfläche, dem ausgeübten Druck und der Temperatur. Eine Prinzipschaltung für die Impedanz des menschlichen Körpers wird in Bild F.1 gezeigt.

Die elektrischen Impedanzen des menschlichen Körpers bestehen aus:

- Körperinnenimpedanz,
- Hautimpedanz,
- Gesamtkörperimpedanz.

Im Moment des Auftretens der Berührungsspannung sind die Kapazitäten des menschlichen Körpers nicht geladen. Daher sind die Hauptimpedanzen $Z_{s1}$ und $Z_{s2}$ vernachlässigbar, sodass der Anfangswiderstand $R_0$ etwa der Körperinnenimpedanz $Z_i$ gleich ist, wie Bild F.1 verdeutlicht.

### F.2.4 Sinusförmiger Wechselstrom mit 50 Hz/60 Hz bei großen Berührungsflächen

Die Werte der **Tabelle F.2** gelten für lebende Menschen und den Stromweg von Hand zu Hand für große Berührungsflächen (Größenordnung 10 000 $mm^2$) im trockenen Zustand. Die Werte der Tabelle F.2 zeigen den Wissensstand hinsichtlich der Gesamt-

| **Berührungsspannung in V** | **Werte der Gesamtkörperimpedanz $Z_T$ in Ω, die nicht überschritten werden von** | | |
|---|---|---|---|
| | **5 % der Bevölkerung** | **50 % der Bevölkerung** | **95 % der Bevölkerung** |
| 25 | 1 750 | 3 250 | 6 100 |
| 50 | 1 375 | 2 500 | 4 600 |
| 75 | 1 125 | 2 000 | 3 600 |
| 100 | 990 | 1 725 | 3 125 |
| 125 | 900 | 1 550 | 2 675 |
| 150 | 850 | 1 400 | 2 350 |
| 175 | 825 | 1 325 | 2 175 |
| 200 | 800 | 1 275 | 2 050 |
| 225 | 775 | 1 225 | 1 900 |
| 400 | 700 | 950 | 1 275 |
| 500 | 625 | 850 | 1 150 |
| 700 | 575 | 775 | 1 050 |
| 1 000 | 575 | 775 | 1 050 |
| asymptotischer Wert | 575 | 775 | 1 050 |

Anmerkung 1: Einige Messwerte lassen erkennen, dass die Gesamtkörperimpedanz für den Stromweg von einer Hand zu einem Fuß etwas niedriger liegt als für den Stromweg von Hand zu Hand (10 % bis 30 %).

Anmerkung 2: Für Personen entsprechen die $Z_T$-Werte einer Durchströmungsdauer von etwa 0,1 s. Für längere Durchströmungsdauer können sich die $Z_T$-Werte etwas verringern (etwa 10 % bis 20 %), und nach dem vollkommenen Hautdurchbruch nähert sich $Z_T$ der Körperinnenimpedanz $Z_i$.

Anmerkung 3: Für die Nennspannung 230 V (Netzsystem 3 N – 230/400 V) wird angenommen, dass die Gesamtkörperimpedanzen die gleichen sind wie für eine Berührungsspannung von 225 V.

Anmerkung 4: Die Werte von $Z_T$ sind auf 25 Ω gerundet.

**Tabelle F.2** Gesamtkörperimpedanzen bei einem Stromweg von Hand zu Hand für Wechselstrom mit 50 Hz/60 Hz und große Berührungsflächen im trockenen Zustand nach DIN IEC/TS 60479-1 (**VDE V 0140-479-1**):2007-05, Tabelle 1

körperimpedanzen $Z_T$ für erwachsene Personen. Entsprechend dem gegenwärtigen Wissensstand werden die Gesamtkörperimpedanzen $Z_T$ von Kindern etwas höher, aber in der gleichen Größenordnung angenommen.

Die Werte für die Körperinnenimpedanzen und den Anfangswiderstand des Körpers hängen nur wenig von der Größe der Berührungsflächen ab. Nur wenn die Berührungsfläche sehr klein ist – in der Größenordnung von wenigen Quadratmillimetern – vergrößern sich die Werte.

### F.2.5 Wirkungen von sinusförmigen Wechselströmen im Bereich von 15 Hz bis 100 Hz

In Abschnitt 5 von DIN IEC/TS 60479-1 (**VDE V 0140-479-1**):2007-05 werden die Wirkungen von sinusförmigem Wechselstrom, der durch den menschlichen Körper fließt, für den Frequenzbereich zwischen 15 Hz und 100 Hz beschrieben. Beispiele von Berührungsströmen mit ihren Wirkungen werden in **Bild F.2** gezeigt.

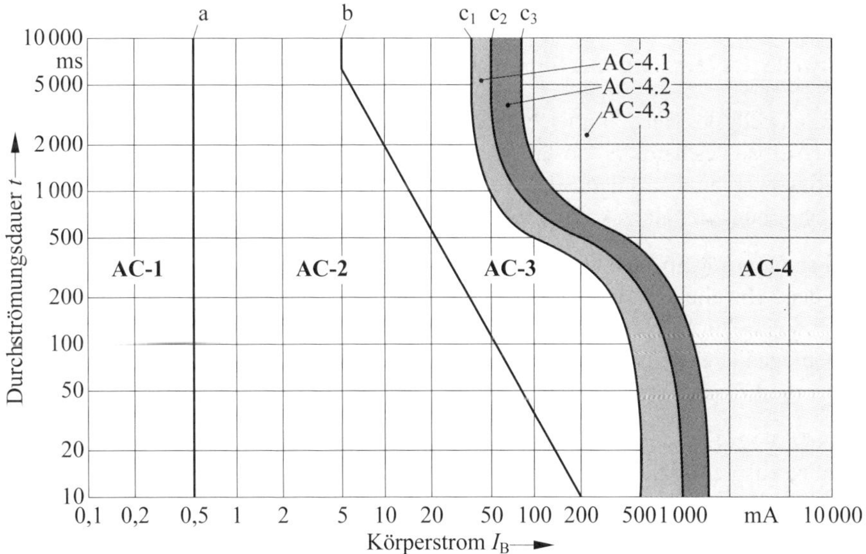


**Bild F.2** Konventionelle Zeit-Stromstärke-Bereiche mit Wirkungen von Wechselströmen (15 Hz bis 100 Hz) auf Personen bei einem Stromweg von der linken Hand zu den Füßen nach DIN IEC/TS 60479-1 (**VDE V 0140-479-1**):2007-05, Bild 20

Dabei werden die Wirkungen als Schwellen beschrieben:

- Wahrnehmbarkeitsschwelle,
- Reaktionsschwelle.

Unabhängig von der Zeitdauer der Einwirkung wird ein Wert von 0,5 mA als Reaktionsschwelle angenommen, wenn eine leitfähige Fläche berührt wird.

**Immobilisierungsschwelle (Muskelverkrampfung)**

Die Werte der Stromstärke, die Immobilisierung verursacht, hängen vom betroffenen Muskelvolumen ab, von der Art der Nerven oder von den Teilen des Gehirns, in denen die Reizung erfolgt.

**Loslassschwelle**

Ein Wert von etwa 10 mA wird für männliche Erwachsene angenommen bzw. ein Wert von etwa 5 mA wird als gültig für die Gesamtpopulation angesehen.

**Schwelle des Herzkammerflimmerns**

Die Schwelle des Herzkammerflimmerns hängt sowohl von physiologischen Einflüssen (Aufbau des Körpers, Zustand der Herzfunktion usw.) als auch von elektrischen Einflüssen (Durchströmungsdauer und Stromweg, Stromparameter usw.) ab. Eine Beschreibung der Herzaktivität wird in **Bild F.3** und **Bild F.4** gegeben.

Bei sinusförmigem Wechselstrom (50 Hz oder 60 Hz) tritt eine erhebliche Abnahme der Schwelle des Herzkammerflimmerns auf, wenn der Stromfluss über einen Herzzyklus hinaus verlängert ist. Diese Wirkung resultiert aus der Zunahme von Inhomogenitäten im erregbaren Zustand des Herzens wegen der durch den Stromfluss hervorgerufenen Extrasystolen.

Anmerkung: Die Zahlen bezeichnen die aufeinanderfolgenden Abschnitte der Erregungsausbreitung.

Für Durchströmungsdauern unter 0,1 s und für Ströme über 500 mA kann Herzkammerflimmern vielleicht und bei Strömen in der Größenordnung von einigen Ampere wahrscheinlich auftreten, wenn die Durchströmung in die vulnerable Phase fällt. Bei solchen Stromstärken und Zeiten von länger als einem Herzzyklus kann ein reversibler Herzstillstand verursacht werden.

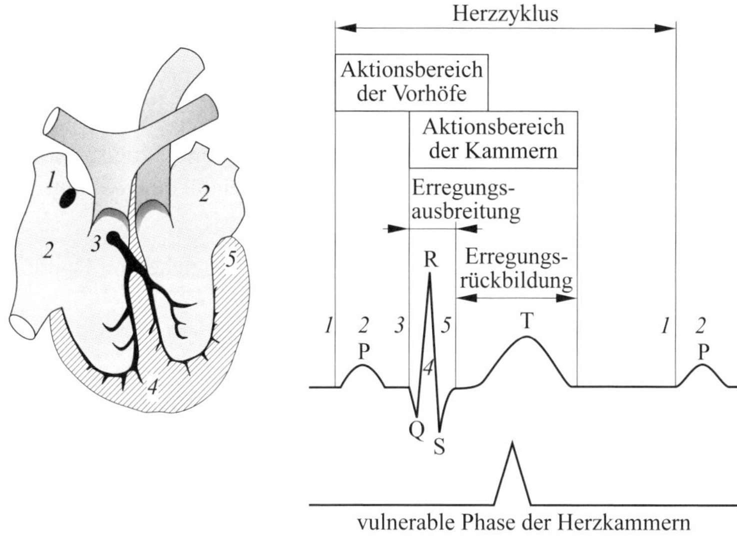


**Bild F.3** Auftreten der vulnerablen Phase der Herzkammern während eines Herzzyklus nach DIN IEC/TS 60479-1 (**VDE V 0140-479-1**):2007-05, Bild 17

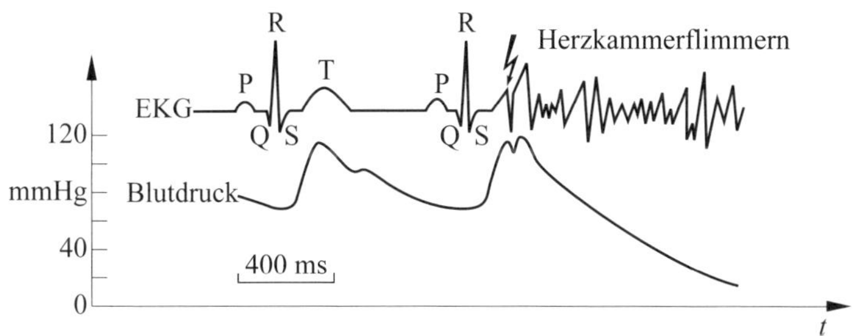


**Bild F.4** Auslösen von Herzkammerflimmern in der vulnerablen Phase – Auswirkungen im Elektrokardiogramm (EKG) und beim Blutdruck nach DIN IEC/TS 60479-1 (**VDE V 0140-479-1**):2007-05, Bild 18

Durch Übertragung der Ergebnisse der Tierversuche auf Personen wurde eine empirische Kurve $c_1$ (siehe Bild F.2) für einen Stromweg von der linken Hand zu beiden Füßen als konventionell aufgestellt, unterhalb der Herzkammerflimmern unwahrscheinlich ist. Der hohe Wert für kurze Durchströmungen zwischen 10 ms und 100 ms wurde als abfallende Linie von 500 mA zu 400 mA gewählt. Basierend auf Erkenntnissen über elektrische Unfälle wurde der niedrigere Wert für Zeiten größer als 1 s als abfallende Linie von 50 mA und bei 1 s zu 40 mA für Zeiten größer als 3 s gewählt. Beide Werte wurden durch eine geschwungene Kurve verbunden.

Nach statistischer Auswertung der Tierversuche wurden die Kurven $c_2$ und $c_3$ (siehe Bild F.2) aufgestellt, die entsprechend einer Wahrscheinlichkeit von 5 % und 50 % für Herzkammerflimmern angeben. Die Kurven $c_1$, $c_2$ und $c_3$ gelten für einen Stromweg von der linken Hand zu beiden Füßen.

**Tabelle F.3** liefert eine Beschreibung der Zeit-Stromstärke-Bereiche von Bild F.2 als Zusammenfassung.

| Bereiche | Bereichsgrenzen | Physiologische Wirkungen |
|---|---|---|
| AC-1 | bis zu 0,5 mA Grenzlinie a | Wahrnehmung möglich, aber im Allgemeinen keine Schreckreaktion |
| AC-2 | über 0,5 mA bis Grenzlinie b | Wahrnehmung und unwillkürliche Muskelkontraktionen wahrscheinlich, aber im Allgemeinen keine schädlichen physiologischen Wirkungen |
| AC-3 | Grenzlinie b bis Grenzlinie $c_1$ | starke unwillkürliche Muskelkontraktionen; Schwierigkeiten beim Atmen; reversible Störungen der Herzfunktion; Immobilisierung (Muskelverkrampfung) kann auftreten; Wirkungen zunehmend mit Stromstärke und Durchströmungsdauer; im Allgemeinen ist kein organischer Schaden zu erwarten |
| AC-4 [1)] | über der Grenzlinie $c_1$ | es können pathophysiologische Wirkungen auftreten wie Herzstillstand, Atemstillstand und Verbrennungen oder andere Zellschäden; Wahrscheinlichkeit von Herzkammerflimmern ansteigend mit Stromstärke und Durchströmungsdauer |
| | $c_1 - c_2$ | AC-4.1 Wahrscheinlichkeit von Herzkammerflimmern ansteigend bis etwa 5 % |
| | $c_2 - c_3$ | AC-4.2 Wahrscheinlichkeit von Herzkammerflimmern ansteigend bis etwa 50 % |
| | über der Grenzlinie $c_3$ | AC-4.3 Wahrscheinlichkeit von Herzkammerflimmern über 50 % |
| [1)] Bei Durchströmungsdauer unter 200 ms tritt Herzkammerflimmern nur auf, wenn die entsprechenden Schwellenwerte in der vulnerablen Periode überschritten werden. Hinsichtlich des Herzkammerflimmerns bezieht sich Bild 20 der Norm (Bild F.2 in diesem Buch) auf die Wirkungen des Stroms beim Stromweg von der linken Hand zu den Füßen. Bei anderen Stromwegen muss der Herzstromfaktor berücksichtigt werden. | | |

**Tabelle F.3** Zeit-Stromstärke-Bereiche für Wechselstrom von 50 Hz bis 100 Hz, für den Stromweg von einer Hand zu beiden Füßen – Zusammenfassung der Bereiche von Bild F.2 nach DIN IEC/TS 60479-1 (**VDE V 0140-479-1**):2007-05, Tabelle 11

### F.2.6 Wirkungen von Gleichstrom

Dieses Kapitel beschreibt die Auswirkungen von Gleichstrom, der durch den menschlichen Körper fließt. Der Ausdruck „Gleichstrom" bedeutet einen geglätteten Gleichstrom. Im Hinblick auf die Flimmerwirkungen werden die in diesem Abschnitt angegebenen Werte als sichere Werte für Gleichströme mit einer sinusförmigen Welligkeit von nicht mehr als 10 % des Effektivwerts angesehen.

**Wahrnehmbarkeitsschwelle und Reaktionsschwelle**

Die Schwellen hängen von mehreren Parametern ab, wie der Berührungsfläche, den Berührungsbedingungen (Trockenheit, Feuchte, Druck, Temperatur), der Durchströmungsdauer und den physiologischen Eigenschaften der Person. Im Gegensatz zu Wechselstrom werden nur der Beginn und die Unterbrechung des Stromflusses empfunden und keine andere Wahrnehmung bemerkt, während der Strom in der Höhe der Wahrnehmbarkeitsschwelle fließt. Unter Bedingungen, die jenen bei den Studien für Wechselstrom vergleichbar waren, wurde eine Reaktionsschwelle von etwa 2 mA gefunden.

**Schwelle der Immobilisierung und Loslassschwelle**

Im Gegensatz zu Wechselstrom gibt es bei Gleichstrom keine festlegbare Immobilisierungs- oder Loslassschwelle. Nur der Beginn und die Unterbrechung des Stromflusses führen zu schmerzhaften und krampfartigen Muskelkontraktionen.

**Schwelle des Herzkammerflimmerns**

Wie für Wechselstrom beschrieben, hängt die Schwelle des Herzkammerflimmerns, ausgelöst durch Gleichstrom, sowohl von physiologischen als auch von elektrischen Parametern ab.

Erkenntnisse aus Elektrounfällen lassen den Schluss zu, dass die Gefahr von Herzkammerflimmern im Allgemeinen vor allem bei Längsdurchströmungen besteht. Für Querdurchströmungen haben Versuche an Tieren jedoch gezeigt, dass bei höheren Stromstärken auch Herzkammerflimmern auftreten kann.

Sowohl Versuche an Tieren als auch von elektrischen Unfällen abgeleitete Erkenntnisse zeigen, dass die Schwelle des Herzkammerflimmerns bei einem abfallenden Strom etwa zwei Mal so hoch ist wie bei einem aufsteigenden Strom. Für Durchströmungsdauern, die länger als ein Herzzyklus sind, ist die Schwelle des Herzkammerflimmerns für Gleichstrom mehrfach höher als bei Wechselstrom. Bei Durchströmungszeiten kürzer als 200 ms ist die Schwelle des Herzkammerflimmerns annähernd gleich hoch wie für Wechselstrom, gemessen in Effektivwerten.

Die Grenzlinien, die aus Tierversuchen abgeleitet worden sind, gelten für Längsdurchströmungen bei aufsteigendem Strom (Füße positiv). Die Grenzlinien $c_2$ und $c_3$ in **Bild F.5** zeigen die berechneten Wertepaare für Stromstärke und Durchströmungsdauer, für die die Wahrscheinlichkeit von Herzkammerflimmern bei den Tierversuchen bei Längsdurchströmung (z. B. linkes Vorderbein zu beiden Hinterbeinen) etwa 5 % und 50 % betragen hat. Die Grenzlinie $c_1$ zeigt Stromstärke und Durchströmungsdauer, bei deren Unterschreitung die Wahrscheinlichkeit des Auftretens von Herzkammerflimmern sehr gering ist, wobei wieder eine Längsdurchströmung wie bei den Tierversuchen vorausgesetzt wird. Weitere Studien zeigen, dass die Flimmerschwelle für Menschen bei jeder Einwirkungsdauer in Bezug auf die Stromstärke höher liegt als bei den Tierversuchen. Zum Beispiel könnte die Flimmerschwelle eines gesunden Menschen für den Stromweg von der linken Hand zu den Füßen für eine lange Durchströmungsdauer in der Größenordnung von 200 mA liegen. Aber nicht alle Menschenherzen sind gesund, und gewisse Krankheiten können die Flimmerschwelle beeinflussen. Bei einigen Personen mit geschädigtem Herzen liegt die Flimmerschwelle unter den Normalwerten, aber die Größe der Absenkung ist nicht genau

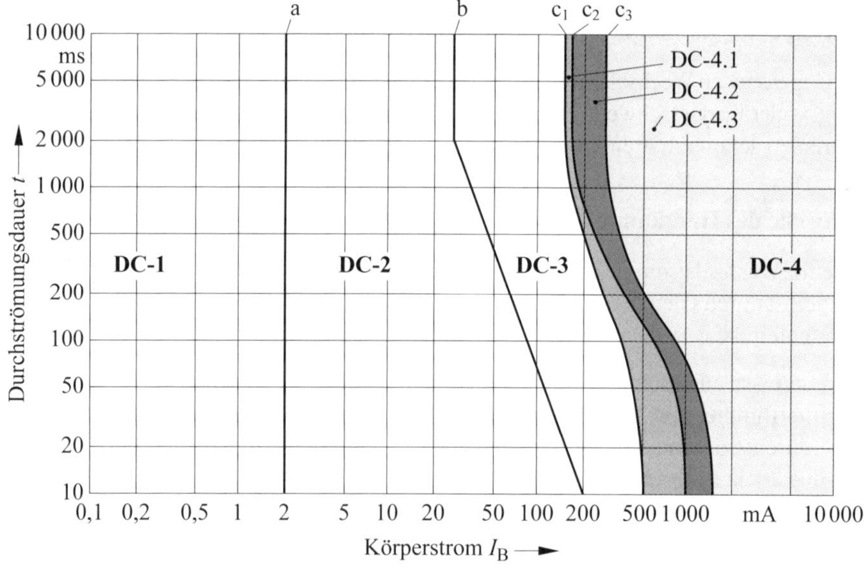


**Bild F.5** Konventionelle Zeit-Stromstärke-Bereiche mit Wirkungen von Gleichströmen auf Personen bei Längsdurchströmung mit aufsteigendem Strom nach DIN IEC/TS 60479-1 (**VDE 0140-479-1**):2007-05, Bild 22

bekannt. Deshalb wird empfohlen, dass die Grenzlinie $c_1$, die in Bild F.5 gezeigt wird und auf Tierversuchen beruht, als konservative Schätzung auch als Flimmerschwelle für Personen heranzuziehen. Es sind keine Elektrounfälle mit tödlichem Ausgang unter der Grenzlinie $c_1$ bekannt geworden. Dies lässt vermuten, dass die Grenzlinie $c_1$ für alle Personen als konservativ angesehen werden kann. Für Längsdurchströmungen mit abfallendem Strom (Füße negativ) müssen die Grenzlinien $c_1$ bis $c_3$ ungefähr um den Faktor 2 in Richtung höherer Stromstärke verschoben werden.

## Andere Wirkungen des Stroms

Oberhalb von etwa 100 mA kann eine Wärmeempfindung in den Extremitäten während des Stromflusses wahrgenommen werden. Im Bereich der Berührungsfläche

| Bereiche | Bereichsgrenzen | Physiologische Wirkungen |
|---|---|---|
| DC-1 | bis zu 2 mA Grenzlinie a | leicht stechende Empfindung beim Ein- und Ausschalten oder bei schneller Änderung der Stromstärke |
| DC-2 | über 2 mA bis Grenzlinie b | unwillkürliche Muskelkontraktionen wahrscheinlich, besonders beim Ein- und Ausschalten oder bei schneller Änderung des Stromes, aber üblicherweise keine schädlichen physiologischen Wirkungen |
| DC-3 | Grenzlinie b bis Grenzlinie $c_1$ | starke unwillkürliche Muskelkontraktionen und reversible Störungen der Reizbildung und Reizleitung im Herzen können zunehmend mit Stromstärke und Durchströmungsdauer auftreten; im Allgemeinen ist kein organischer Schaden zu erwarten |
| DC-4 [1)] | über der Grenzlinie $c_1$ | es können pathophysiologische Wirkungen auftreten wie Herzstillstand, Atemstillstand und Verbrennungen oder andere Zellschäden; Wahrscheinlichkeit von Herzkammerflimmern ansteigend mit Stromstärke und Durchströmungsdauer |
| | $c_1 - c_2$ | DC-4.1 Wahrscheinlichkeit von Herzkammerflimmern ansteigend bis etwa 5 % |
| | $c_2 - c_3$ | DC-4.2 Wahrscheinlichkeit von Herzkammerflimmern ansteigend bis etwa 50 % |
| | über der Grenzlinie $c_3$ | DC-4.3 Wahrscheinlichkeit von Herzkammerflimmern über 50 % |

[1)] Bei Durchströmungsdauern unter 200 ms tritt Herzkammerflimmern nur auf, wenn die entsprechenden Schwellenwerte in der vulnerablen Periode überschritten werden. Hinsichtlich des Herzkammerflimmerns bezieht sich Bild 22 der Norm (Bild F.5 in diesem Buch) auf die Wirkungen des Stroms beim Stromweg von der linken Hand zu den Füßen. Bei anderen Stromwegen muss der Herzstromfaktor berücksichtigt werden.

**Tabelle F.4** Zeit-Stromstärke-Bereiche für Gleichstrom für den Stromweg von einer Hand zu den Füßen Zusammenfassung der Bereiche von Bild F.3 nach DIN IEC/TS 60479-1 (**VDE V 0140-479-1**):2007-05, Tabelle 13

werden schmerzhafte Empfindungen wahrgenommen. Querdurchströmungen durch den menschlichen Körper bis 300 mA für mehrere Minuten können mit zunehmender Einwirkdauer und Stromstärke reversible Herzrhythmusstörungen, Strommarken, Verbrennungen, Schwindelanfälle und manchmal Bewusstlosigkeit bewirken. Oberhalb 300 mA tritt häufig Bewusstlosigkeit auf. Mit Strömen von einigen Ampere, die einige Sekunden andauern, können häufig tiefe Verbrennungen oder andere Schädigungen und sogar der Tod auftreten.

**Tabelle F.4** erläutert zusammengefasst die Beschreibung aus Bild F.5.

## F.3 Grundsätzliche Erkenntnisse der Elektropathologie

Zusätzlich zu DIN IEC/TS 60479-1 (**VDE V 0140-479-1**):2007-05 sind einige Erkenntnisse aus dem noch immer aktuellen Buch von *Gottfried Biegelmeier* „Wirkungen des elektrischen Stromes auf Menschen und Nutztiere. Lehrbuch der Elektropathologie. Berlin · Offenbach: VDE VERLAG, 1986“ für den interessierten Leser aufgeführt:

- Der Körperinnenwiderstand ist im Bereich von 5 V bis 5 000 V von der Größe der angelegten Spannung unabhängig.
- Im Gebiet des Hautdurchbruchs sinkt der Gesamtwiderstand sehr stark mit zunehmender Spannung, also auch mit der Stromdichte.
- Der Körperwiderstand für Gleichstrom stimmt praktisch mit dem für Wechselstrom von 50 Hz überein. Der Gesamtkörperwiderstand für Gleichstrom liegt bei Berührungsspannungen unter etwa 100 V infolge der Sperrwirkungen der Körperkapazitäten über dem Wechselstromwiderstand.
- Der Körperinnenwiderstand ist in seinem Wesen praktisch ein reiner Wirkwiderstand.
- Der Gesamtwiderstand des Körpers ist vor und während des Durchschlags der Haut stark vom Feuchtigkeitszustand der Berührungsstelle abhängig. Auf den Körperinnenwiderstand ist die Feuchtigkeit der Kontakte ohne Einfluss.
- Bei Spannungen über etwa 200 V hat die Haut keinen Schutzwert mehr, und die Berührungsfläche hat für den Ausgang des Unfalls keine besondere Bedeutung. Das Gleiche gilt für den Zustand der Haut in Bezug auf Feuchtigkeit und Temperatur.

- Bei Elektrounfällen und Berührungsspannungen über 100 V ist für den Unfallausgang hinsichtlich der Körperimpedanz der Durchströmungsweg wesentlich. Feuchtigkeit und Berührungsfläche haben geringen Einfluss.
- Bei Berührungsspannungen unter etwa 100 V sinkt der Körperwiderstand mit steigender Frequenz. Bei kleinen Berührungsflächen und trockener Haut ist er der Frequenz umgekehrt proportional. Über etwa 1 000 Hz nähert sich der Körperwiderstand den Werten des Körperinnenwiderstands für den betreffenden Durchströmungsweg.
- Gleichstrom ist wegen des Fehlens der Loslassschwelle und wegen der höheren Flimmerschwellen bei Durchströmungsdauern über eine Herzperiode weniger gefährlich als Wechselstrom von 50 Hz/60 Hz.
- Wechselströme über 1 000 Hz sind weniger gefährlich als die in der Technik am häufigsten verwendeten Frequenzen 50 Hz/60 Hz. Bei Frequenzen über 10 000 Hz treten in der Regel weder Verkrampfungen auf noch muss mit Herzkammerflimmern gerechnet werden.

# Anhang G – Einfluss von Gleichfehlerströmen auf Fehlerstrom-Schutzeinrichtungen (RCDs)

## G.1 Zu berücksichtigende Gleichfehlerströme in der Elektromobilität

Entsprechend den Ausführungen aus Kapitel 3.2.2 gilt nach DIN VDE 0100-722: 2019-06, Abschnitte 722.411.3 und 722.531.3.101, dass jeder AC-Anschlusspunkt mit einer separaten Fehlerstrom-Schutzeinrichtung (RCD) mindestens vom Typ A mit einem Bemessungsfehlerstrom von höchstens 30 mA versehen werden muss.

Die Wirksamkeit der Schutzmaßnahme durch automatische Abschaltung ist gegeben, wenn unter Einzelfehlerbedingungen die nach DIN VDE 0100-410:2018-10, Tabelle 41.1 geforderten Abschaltzeiten eingehalten werden.

Entscheidend ist die in DIN VDE 0100-722:2019-06, Abschnitt 722.531.3.101 formulierte Ergänzung, dass bei Ladeeinrichtungen für E-Fahrzeuge, die über eine Steckdose oder Fahrzeugkupplung der Normenreihe DIN EN 62196 (**VDE 0623**) verfügen, aufgrund der Ladebetriebsart mit Gleichfehlerströmen zu rechnen ist.

Hintergrund dieser Ergänzung ist der Sachverhalt, dass durch mögliche Gleichfehlerströme die eingebauten Wandler von Fehlerstrom-Schutzeinrichtungen (RCDs) des Typs A ihre Messaufgabe nicht mehr normgerecht erfüllen können. Die in **Bild G.1** dargestellten Ergebnisse der Messungen aus dem Jahr 2012[13] belegen diesen Sachverhalt exemplarisch, woraus sich die in Bild G.1 dargestellten, Erhöhungen der Abschaltverzögerungen bei Wechselstromfehlern ergeben. **Bild G.2** zeigt ebenfalls, wie sich bei vorliegenden Gleichstromfehlern im Wechselspannungsnetz der Ansprechwert von eingebauten Fehlerstrom-Schutzeinrichtungen (RCDs) Typ A in normativ unzulässige Bereiche bewegt. Da Fehlerstrom-Schutzeinrichtungen (RCDs) nur bis zu einem Gleichstromanteil von 6 mA die normativen Vorgaben in Bezug auf Ansprechwert und Ansprechzeit gewährleisten, entstand der Gedanke der „6-mA-Sensorik“. Danach werden Gleichfehlerströme in Wechselspannungsnetzen detektiert und ggf. der Netzabschnitt abgeschaltet. Der Grundgedanke floss bei der Entwicklung der Norm IEC 62955:2018-03 mit ein.

[13] *Hofheinz, W.*: Elektrische Sicherheit als Basis für die Elektromobilität – Ganzheitliche Betrachtung der Sicherheit von E-Fahrzeugen. S. 32–36 in Tagungsband VDE-Kompendium „Elektromobilität“, 5.7.–6.7.2012 in Offenbach am Main

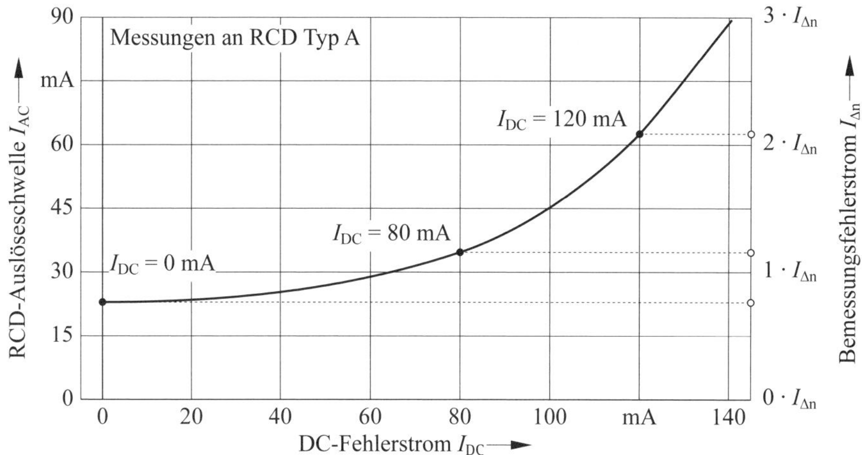


**Bild G.1** Messungen an einer Fehlerstrom-Schutzeinrichtung (RCD) Typ A mit DC-Fehlerstrom: Ansprechwert

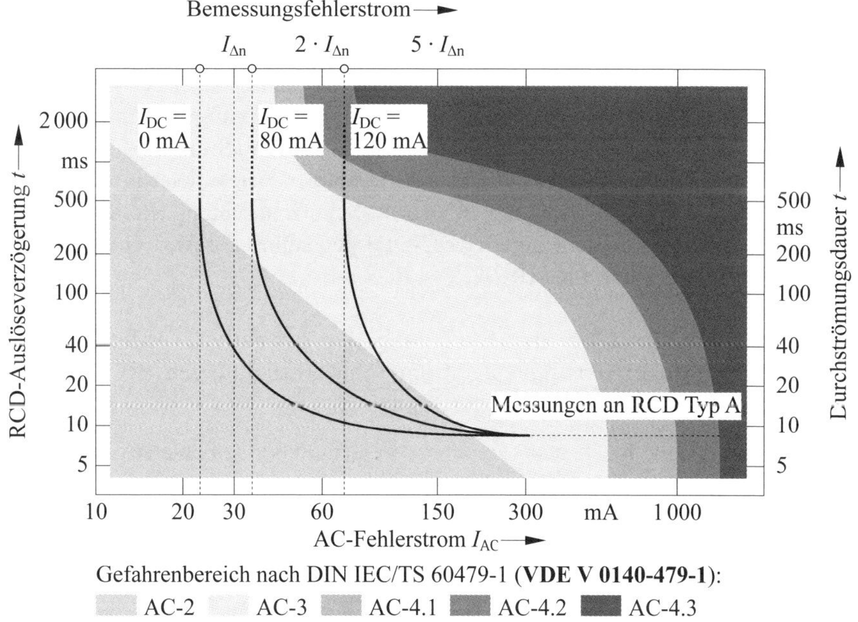


**Bild G.2** Fehlerstrom-Schutzeinrichtung (RCD) Typ A mit DC-Fehlerstrom: Ansprechverzögerung

Aus den zuvor genannten Gründen sind nach DIN VDE 0100-722:2019-06, Abschnitt 722.531.3.101 entweder:

- allstromsensitive Fehlerstrom-Schutzeinrichtungen (RCDs) vom Typ B zu verwenden, oder
- Fehlerstrom-Schutzeinrichtungen (RCDs) vom Typ A oder Typ F in Verbindung mit einer Fehlergleichstromüberwachungseinrichtung (RDC-DD) nach IEC 62955:2018-03

zu verwenden.

Entscheidend ist, dass die nach IEC 62955:2018-03, Abschnitt 5.3.10 angegeben Grenzwerte für das Auslösen bei Gleichfehlerströmen von 10 s bei 6 mA und einer Nichtauslösung bei Wechselfehlerströmen bis zu 30 mA eine Überwachungs- und eine Schutzfunktion darstellen.

Das heißt, durch die in IEC 62955:2018-03 genormte Fehlergleichstromüberwachungseinrichtung (RDC-DD) werden ausschließlich die für die Wirksamkeit der Fehlerstrom-Schutzeinrichtung (RCD) Typ A/F erforderlichen Betriebsgrenzen überwacht, während die vorgelagerte Fehlerstrom-Schutzeinrichtung (RCD) durch sichere Trennung der Stromversorgung den Schutz gegen elektrischen Schlag sicherstellt.

Für die Fehlergleichstromüberwachung (RDC-DD) genügt nach der Erkennung eines DC-Fehlerstroms die Abschaltung der Stromversorgung, wozu die in der Praxis für betriebsmäßiges Schalten verbauten Schalteinrichtungen in der Ladeinfrastruktur den normativen Anforderungen genügen. Dies bietet in der Praxis folgende Vorteile der Konstellation Fehlerstrom-Schutzeinrichtung (RCD) Typ A/F mit Fehlergleichstromüberwachung (RDC-DD) gegenüber der Verwendung einer Fehlerstrom-Schutzeinrichtung (RCD) Typ B:

- Höhere Flexibilität bei der Einhaltung der normativen Anforderungen an die Koordination von Fehlerstrom-Schutzeinrichtungen (RCDs) nach DIN VDE 0100-530:2018-06 (siehe Kapitel G.2);
- niedrigere Installationskosten (vor allem, wenn bereits eine Fehlerstrom-Schutzeinrichtung (RCD) Typ A in der Bestandsanlage verbaut ist);
- frühzeitigere Erkennung eines Gleichstromfehlers (6 mA vs. 30 mA bei Fehlerstrom-Schutzeinrichtung (RCD) Typ B);
- Möglichkeit des automatischen Wiedereinschaltens nach Beseitigung des Gleichstromfehlers (kein manuelles Zurücksetzen der Schutzeinrichtung erforderlich).

## G.2 RCD-Kompatibilität

In diesem Kapitel soll abschließend auf die Anforderung der Norm DIN VDE 0100-530: 2018-06, insbesondere Abschnitt 531.3.2, eingegangen werden, in der die Koordination der Fehlerstrom-Schutzeinrichtungen gefordert wird.

**Bild G.3** zeigt verschiedene in der Praxis relevante Installationsbeispiele.

Variante 1 und 5 in Bild G.3 zeigen nicht normkonforme Lösungen, da DIN VDE 0100-722:2019-06, Abschnitt 722.531.3.101 wie im vorherigen Kapitel beschrieben entweder eine Fehlerstrom-Schutzeinrichtung (RCD) Typ B oder eine Fehlerstrom-Schutzeinrichtung (RCD) Typ A/F mit Fehlergleichstromüberwachung (RDC-DD) unabhängig von den Schutzvorkehrungen gegen Gleichfehlerströme im Fahrzeug fordert.

Variante 4 ist ebenfalls nicht normkonform, da eine Fehlerstrom-Schutzeinrichtung (RCD) Typ B erst bei Gleichfehlerströmen > 30 mA auslöst und die in der Infrastruktur verbaute Fehlerstrom-Schutzeinrichtung (RCD) Typ A bereits bei einem Gleichfehlerstrom > 6 mA erblindet.

Die dargestellten Varianten 2, 3 und 6 zeigen normkonforme und sichere Lösungen, die sich z. B. preislich und in der Möglichkeit der frühzeitigen Detektion von Gleichfehlerströmen unterscheiden.

Abschließend zeigt **Bild G.4** eine mögliche Fehlerkonstellation, die bei der Errichtung von Ladeinfrastruktur ebenfalls bedacht werden muss.

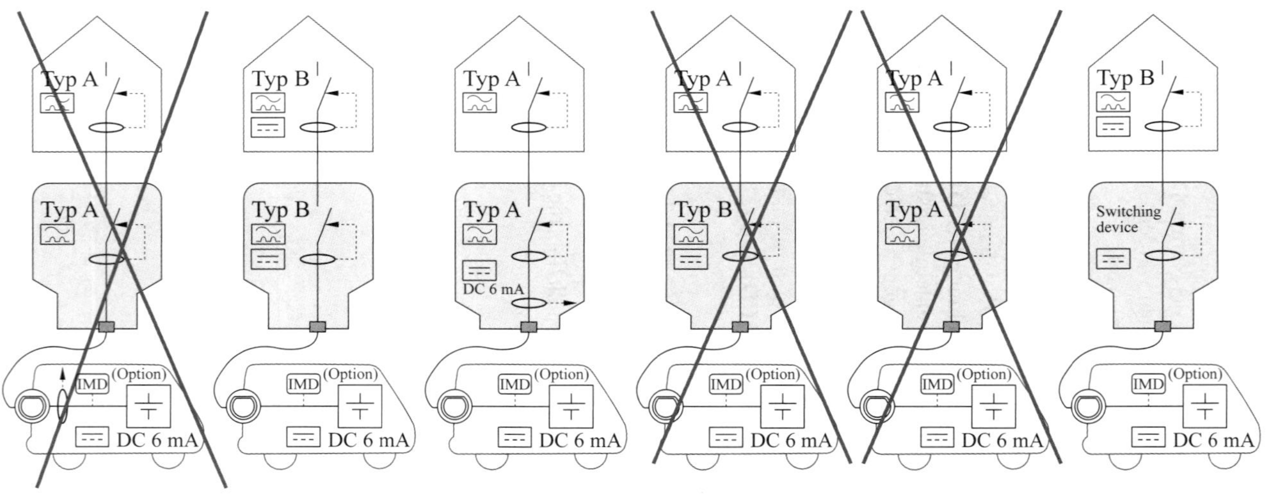


**Bild G.3** RCD-Kompatibilität in der Ladeinfrastruktur – ein Ladepunkt

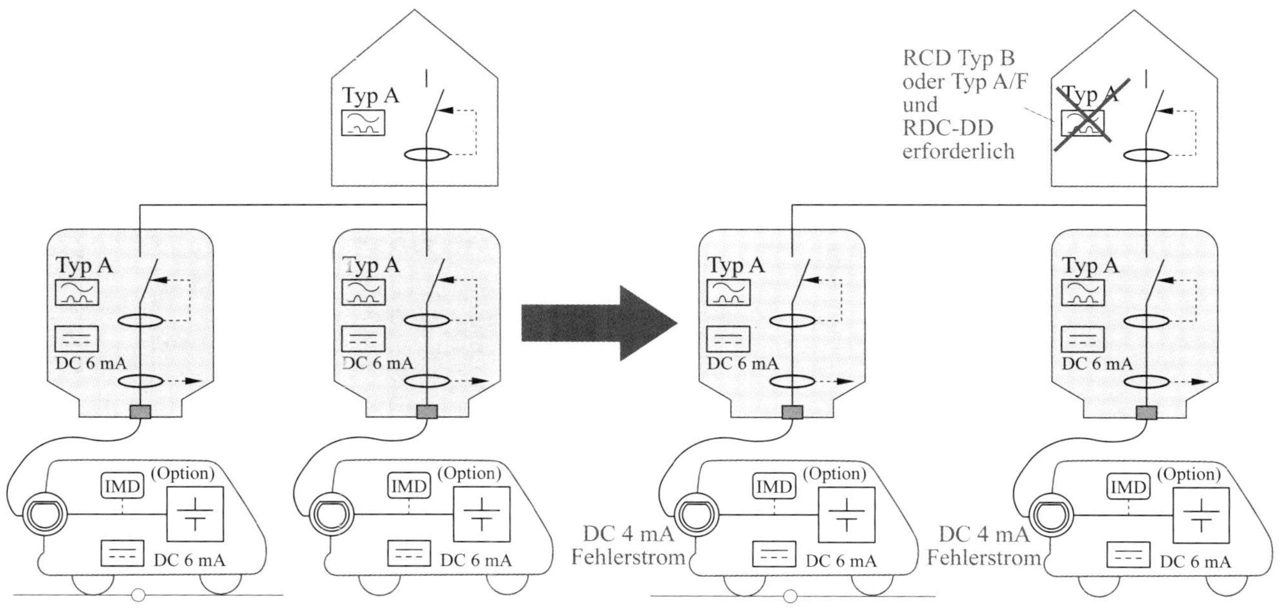


**Bild G.4** RCD-Kompatibilität in der Ladeinfrastruktur – zwei Ladepunkte

# Anhang H – Elektrische Anlagen und Schutzmaßnahmen nach DIN VDE 0100-540

## H.1 Allgemeines

Dieser Teil der Normen der Reihe DIN VDE 0100 gilt für Erdungsanlagen und Schutzleiter einschließlich Potentialausgleichsleiter mit dem Ziel, die Sicherheit elektrischer Anlagen zu erfüllen.

In diesem Anhang sind nur Auszüge aufgezeigt, die der Maßnahme zum Schutz gegen elektrischen Schlag in der Elektromobilität dienen. Grundsätzlich ist bei der Bewertung der elektrischen Anlage die Originalnorm mit den aufgeführten Tabellen zu nutzen.

## H.2 Erdungsanlagen

Die Anforderungen an Erdungsanlagen dienen dazu, eine Verbindung zur Erde herzustellen, die:

- für die Schutzanforderungen der elektrischen Anlage geeignet und zuverlässig ist;
- Erdfehlerströme und Schutzleiterströme zur Erde führen kann, ohne dass eine Gefahr durch thermische, thermomechanische oder elektromechanische Beanspruchungen und durch elektrischen Schlag, hervorgerufen durch diese Ströme, entsteht;
- wenn erforderlich, auch für Funktionsanforderungen geeignet ist;
- für die vorhersehbaren äußeren Einflüsse geeignet ist, z. B. mechanische Beanspruchung und Korrosion;
- besonders betrachtet werden müssen Erdungsanlagen, in denen Ströme mit hohen Frequenzen erwartet werden;
- durch eine vorhersehbare Änderung des Erdungswiderstands (z. B. aufgrund von Korrosion, Austrocknung oder Frost) dürfen die Maßnahmen für den Schutz gegen elektrischen Schlag, nicht ungünstig beeinflusst werden.

### Erder

Ausführung, Werkstoffe und Abmessungen der Erder müssen so gewählt werden, dass sie über die zu erwartenden Lebenszeit Korrosion widerstehen und eine angemessene mechanische Festigkeit aufweisen.

Die Wirksamkeit eines jeden Erders ist abhängig von den örtlichen Bodenverhältnissen und dem Aufbau des Erders.

### Erdungsleiter

Erdungsleiter müssen den Anforderungen für Schutzleiter entsprechen. Der Querschnitt darf nicht kleiner als 6 $mm^2$ oder 50 $mm^2$ Stahl sein.

### Haupterdungsschiene

In jeder Anlage, in der ein Schutzpotentialausgleich ausgeführt ist, muss eine Haupterdungsschiene vorgesehen sein, mit der folgende Leiter verbunden sein müssen:

- Schutzpotentialausgleichsleiter;
- Erdungsleiter;
- Schutzleiter;
- Funktionserdungsleiter, falls zutreffend.

## H.3 Schutzleiter

### Querschnitte von Schutzleitern

Der Querschnitt jeden Schutzleiters muss die Bedingungen für die automatische Abschaltung der Stromversorgung erfüllen, die in DIN VDE 0100-410:2018-10 gefordert sind, und er muss allen mechanischen und thermischen Beanspruchungen, die durch den zu erwarteten Fehlerstrom verursacht werden, bis zur Abschaltung durch die Schutzeinrichtung standhalten.

Der Querschnitt des Schutzleiters muss entweder berechnet oder nach DIN VDE 0100-540:2012-06, Tabelle 54.2 ausgewählt werden.

### Elektrische Durchgängigkeit von Schutzleitern

Jede Verbindung (z. B. Schraub-, Klemmverbindung) zwischen Schutzleitern oder zwischen einem Schutzleiter und anderen Betriebsmitteln muss eine dauerhafte elektrische Durchgängigkeit und einen hinreichenden mechanischen Schutz und Festigkeit aufweisen.

Schaltgeräte dürfen in den Schutzleiter nicht eingefügt werden, jedoch dürfen Verbindungen vorgesehen werden, die für Prüfzwecke mit Werkzeugen gelöst werden können.

Wenn eine elektrische Überwachung der Erdung verwendet wird, dürfen die Überwachungseinrichtungen (z. B. Sensoren, Spulen, Stromwandler) in den Schutzleiter nicht eingefügt werden.

### Ströme in Schutzleitern

Der Schutzleiter sollte im fehlerfreien Betrieb nicht als leitfähiger Pfade für Betriebsströme verwendet werden. Wenn der Strom unter normalen Betriebsbedingungen größer als 10 mA ist, muss ein verstärkter Schutzleiter verwendet werden.

# Anhang I – Schutzvorkehrungen und Schutzmaßnahmen

## I.1 Allgemeines

Bei den Anforderungen zum Schutz gegen elektrischen Schlag werden häufig zwei Fachwörter in den Normen und Fachbeiträgen genutzt – „Schutzvorkehrungen" zum einen und „Schutzmaßnahmen" zum anderen. Das Wort „Schutzmaßnahmen" ist dabei das deutliche bekanntere Wort und wird oftmals, fälschlicherweise auch im Kontext einer Schutzvorkehrung verwendet.

Die korrekte Differenzierung der Begriffe ist in DIN EN 61140 (**VDE 0140-1**):2016-11 zu finden. Dort wird darauf hingewiesen, dass Schutzvorkehrungen ein Bestandteil der Schutzmaßnahmen darstellen, d. h. eine Untermenge von Schutzmaßnahmen sind.

Diese internationale Norm gilt für den Schutz gegen elektrischen Schlag von Personen und Nutztieren und ist als Sicherheitsgrundnorm von allen Technischen Komitees bei der Entwicklung der Produktnormen zu berücksichtigen. Damit ist beabsichtigt, Grundsätze und Anforderungen vorzugeben, die gemeinsam für elektrische Anlagen, Systeme und Betriebsmittel gelten oder für deren Koordination notwendig sind, ohne Einschränkung in Bezug auf die Höhe der Spannung oder des Stroms, der Art des Stromes und für Frequenzen bis 1 000 Hz.

## I.2 Begriffsdefinitionen

Nach DIN EN 61140 (**VDE 0140-1**):2016-11, Abschnitte 3.44 und 3.19 werden „Schutzvorkehrungen" sowie „verstärkte Schutzvorkehrungen" wie folgt definiert:

**Schutzvorkehrung nach Abschnitt 3.44**

*„Unabhängige Vorkehrung zum Schutz gegen elektrischen Schlag unter vorgegebenen Bedingungen.*

*Anmerkung 1 zum Begriff: Die Vorkehrung kann eine Maßnahme oder ein Verfahren oder ein Bauteil oder ein Vorgang sein."*

**Verstärkte Schutzvorkehrung nach Abschnitt 3.19**

*„Schutzvorkehrung, die mindestens die gleiche Zuverlässigkeit des Schutzes hat wie zwei unabhängige Schutzvorkehrungen.“*

Die Definition der Schutzmaßnahme ist in DIN EN 61140 (**VDE 0140-1**):2016-11, Abschnitt 3.45 zu finden.

**Schutzmaßnahme nach Abschnitt 3.45**

*„Geeignete Kombination von Schutzvorkehrungen für den Schutz gegen elektrischen Schlag.“*

Diese Definitionen machen es den Anwendern der Norm nicht leichter, weshalb die folgenden Unterkapitel zur Klarstellung beitragen sollen.

## I.3 Schutzvorkehrungen

Allgemein gilt:

- Der Schutz unter normalen Bedingung wird durch Basisschutz bewirkt.
- Der Schutz unter Fehlerbedingungen wird durch Fehlerschutz bewirkt.
- Verstärkte Schutzvorkehrungen bewirken den Schutz unter beiden Bedingungen.

Für alle drei Gruppen der Schutzvorkehrungen gilt, dass Umweltbedingungen beachtet werden und die Anforderungen an die Isolationskoordination zu berücksichtigen sind.

In DIN EN 61140 (**VDE 0140-1**):2016-11, Abschnitt 5 werden alle normativ anerkannten Schutzvorkehrungen beschrieben. Alle Schutzvorkehrungen müssen dabei so entworfen und ausgeführt werden, dass sie bei bestimmungsgemäßen Gebrauch und geeigneter Instandhaltung während der voraussichtlichen Lebensdauer der Anlage, des Systems oder des Betriebsmittels wirksam bleiben.

## Schutzvorkehrungen für den Basisschutz

Der Basisschutz muss aus einer oder mehreren Vorkehrungen bestehen, damit unter normalen Bedingungen eine Berührung von gefährlichen, aktiven Teilen verhindert wird.

Diese Vorkehrungen sind:

- Basisisolierung,
- Schutzabdeckungen oder Schutzumhüllungen,
- Hindernisse,
- Anordnungen außerhalb des Handbereichs,
- Begrenzung der Spannung,
- Begrenzung von Beharrungsberührungsstrom und Energie,
- Potentialsteuerung.

## Vorkehrungen für den Fehlerschutz

Der Fehlerschutz muss aus einer oder mehreren Vorkehrungen bestehen, die unabhängig und zusätzliche zu solchen für den Basisschutz sind.

Diese Vorkehrungen sind:

- zusätzliche Isolierung,
- Schutzpotentialausgleich,
- Schutzschirmung,
- Meldung und Abschaltung in Hochspannungsanlagen und Systemen,
- automatische Abschaltung der Stromversorgung,
- einfache Trennung zwischen den Stromkreisen,
- nicht leitende Umgebung,
- Potentialsteuerung.

**Verstärkte Schutzvorkehrungen**

Eine verstärkte Schutzvorkehrung muss beides erfüllen, Basisschutz und Fehlerschutz. Diese Vorkehrungen sind:

- verstärkte Isolierung,
- sicherere Trennung zwischen Stromkreisen,
- Stromquellen mit begrenztem Strom,
- Schutzimpedanzeinrichtungen.

**Vorkehrungen für den zusätzlichen Schutz**

Diese Vorkehrungen sind:

- zusätzlicher Schutz durch Fehlerstrom-Schutzeinrichtungen (RCDs) $I_{\Delta n} < 30$ mA,
- Zusatzschutz durch zusätzlichen Potentialausgleich.

Die Schutzvorkehrung „zusätzlicher Schutz durch Fehlerstrom-Schutzeinrichtungen (RCDs) $I_{\Delta n} < 30$ mA“ wird, im Falle eines Versagens der Vorkehrung für den Basisschutz und/oder der Vorkehrung des Fehlerschutzes oder bei Sorglosigkeit des Anwenders, als zusätzlicher Schutz verwendet.

Geräte für den zusätzlichen Schutz müssen alle aktiven Leiter trennen, indem sie eine Trennstrecke in Übereinstimmung mit DIN EN 61140 (**VDE 0140-1**):2016-11, Abschnitt 8.4 aufweisen.

Die Schutzvorkehrung „Zusatzschutz durch zusätzlichen Potentialausgleich“ hilft, gefährliche Spannungen zwischen den Körpern elektrischer Betriebsmittel und fremden leitfähigen Teilen zu vermeiden, die gleichzeitig berührt werden können.

## I.4 Schutzmaßnahmen

Die in Kapitel I.3 aufgelisteten Schutzvorkehrungen zeigen, dass es sich bei den beschriebenen „Vorkehrungen“ nicht um die in DIN EN 61140 (**VDE 0140-1**):2016-11, Abschnitt 6 beschriebenen „Schutzmaßnahmen“ handelt. Diese bestehen aus mehreren zuvor beschriebenen Schutzvorkehrungen. Allgemein gilt, dass immer mehr als eine der in den Abschnitten 6.2 bis 6.11 der DIN EN 61140 (**VDE 0140-1**):2016-11 beschriebenen Schutzmaßnahmen in der gleichen Anlage, im gleichen System oder im gleichen Betriebsmittel angewendet werden darf. Diese Aussage gilt sowohl unter normalen Betriebsbedingungen als auch unter Einzelfehlerbedingungen.

Es gilt zwischen den folgenden normativ beschriebenen Schutzmaßnahmen zu unterscheiden:

- automatische Abschaltung der Stromversorgung (innerhalb vorgegebener Abschaltzeiten),
- doppelte oder verstärkte Isolierung,
- Schutztrennung (mit einem Verbrauchsmittel/mit mehreren Verbrauchsmitteln),
- Kleinspannung mittels SELV oder PELV,
- Schutzpotentialausgleich,
- nicht leitende Umgebung,
- Begrenzung des Beharrungsberührungsstroms und der Ladung.

Die ersten vier der zuvor aufgeführten Schutzmaßnahmen werden in der Regel in vielen Arten von Anwendungen verwendet, während die drei nachfolgend aufgeführten Schutzmaßnahmen nur unter engen Rahmenbedingungen zum Einsatz kommen können.

Bleibt abschließend die Frage zu beantworten, welche Schutzvorkehrungen zu welchen Schutzmaßnahmen kombiniert werden können? Hierbei gibt der informative Anhang A aus DIN EN 611140 (**VDE 0140-1**):2016-11 einen guten Überblick (siehe **Bilder I.1 bis I.3**).

Entscheidend bei der Anwendung dieses informativen Anhangs A der DIN EN 61140 (**VDE 0140-1**):2016-11 ist es, dass die beschriebenen Schutzvorkehrungen nicht beliebig miteinander zu neuen Schutzmaßnahmen kombiniert werden können. Die Entwicklung neuer Schutzvorkehrungen sowie deren Kombination zu neuen Schutzmaßnahmen obliegt der Freigabe des zuständigen Komitees auf internationaler Ebene.

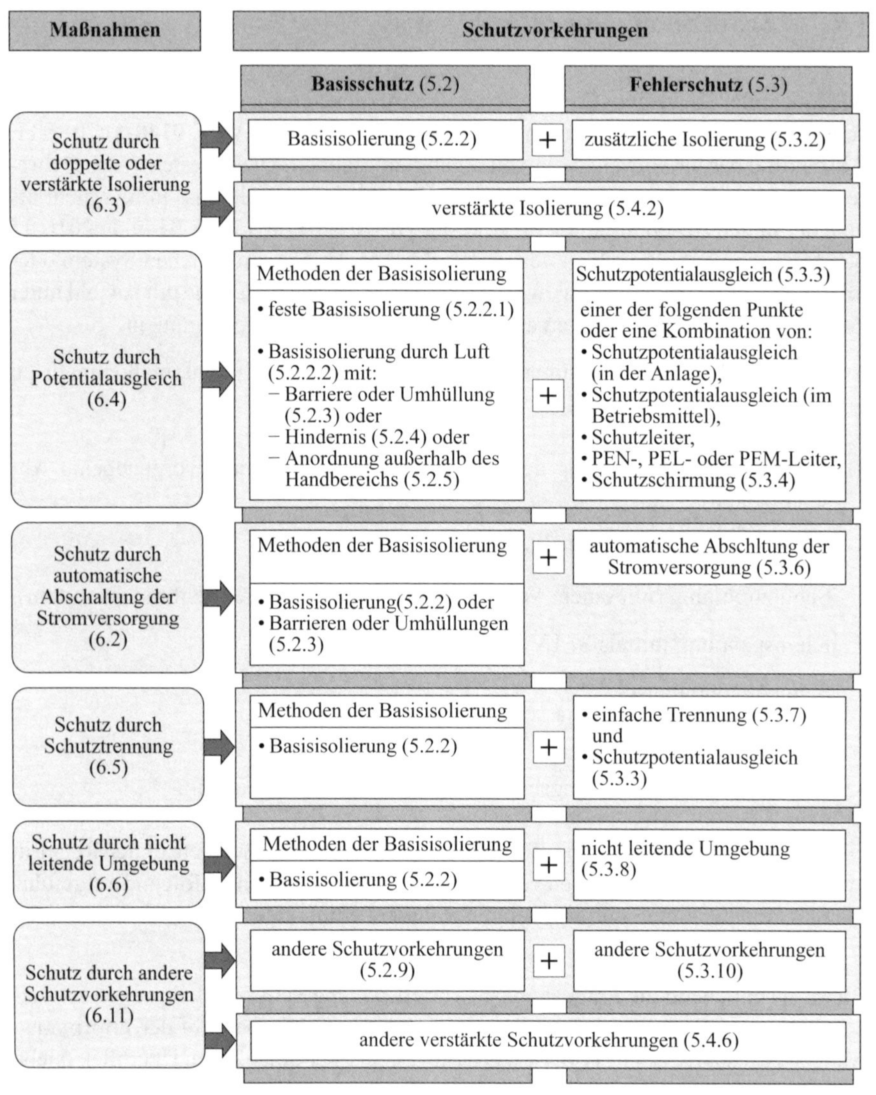


**Bild I.1** Schutzmaßnahmen mit Basis- und Fehlerschutz nach DIN EN 61140 (**VDE 0140-1**):2016-11, Anhang A

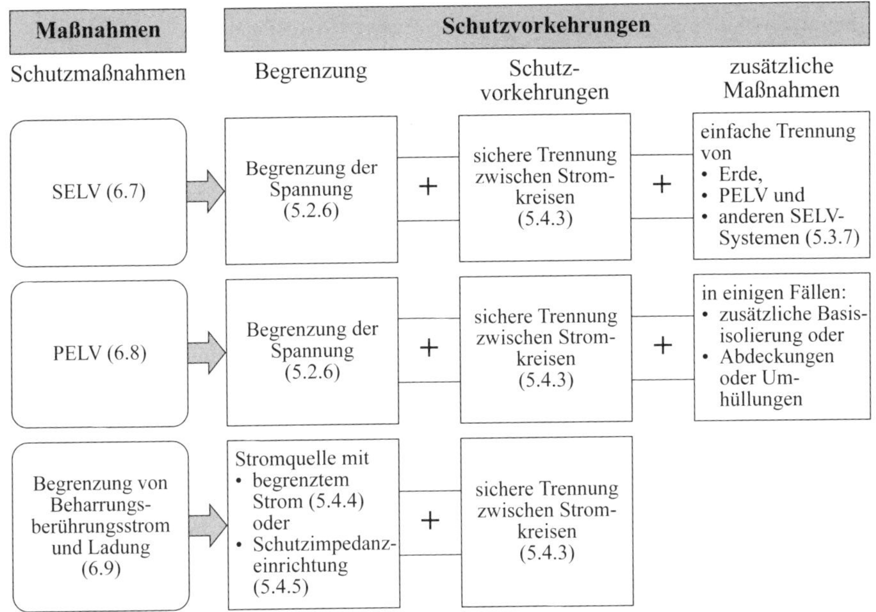


**Bild I.2** Schutzmaßnahmen mit Begrenzung der elektrischen Größe nach DIN EN 61140 (**VDE 0140-1**):2016-11, Anhang A

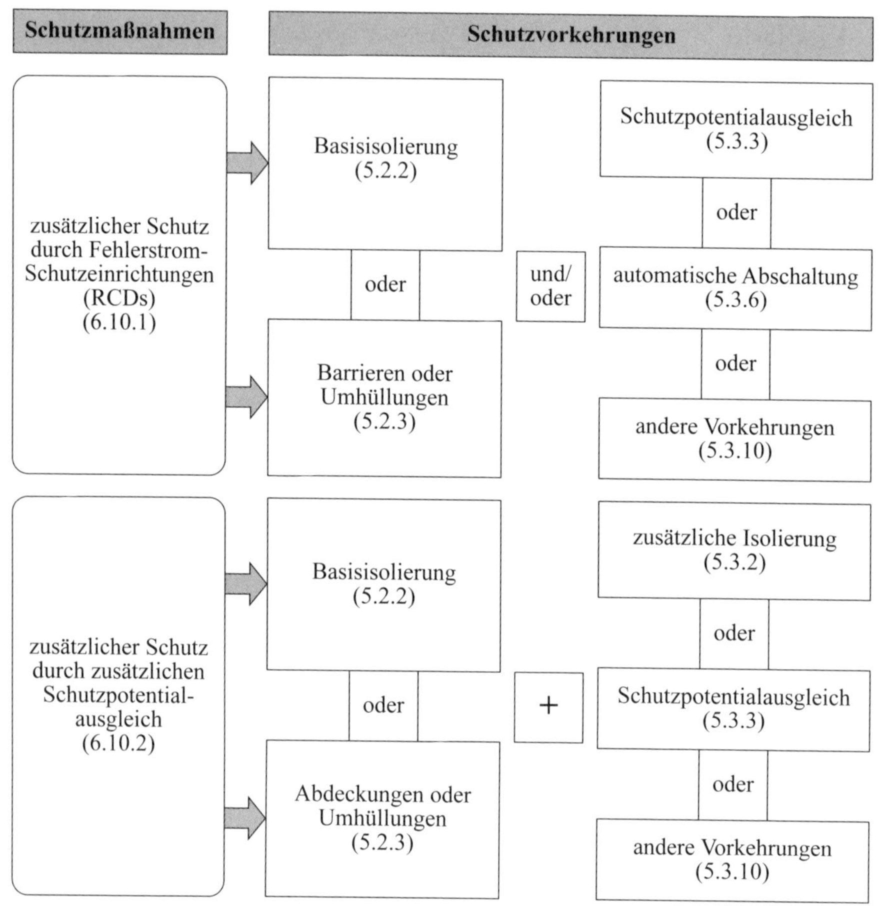


**Bild I.3** Schutzmaßnahmen: zusätzlicher Schutz (ergänzend zum Basisschutz und/oder Fehlerschutz) nach DIN EN 61140 (**VDE 0140-1**):2016-11, Anhang A

# Anhang J – Basis-, Fehler-, Zusatzschutz

## J.1 Allgemeines und Begriffsdefinitionen

DIN EN 61140 (**VDE 0140-1**):2016-11 benennt als grundsätzliche Anforderungen für den Schutz gegen elektrischen Schlag folgende Grundsätze, die bei jeder elektrischen Anlage und bei jedem elektrischen Betriebsmittel erfüllt werden müssen:

1. gefährliche aktive Teile dürfen nicht berührbar sein (Basisschutz),
2. berührbare leitfähige Teile dürfen nicht gefährlich aktiv sein (Fehlerschutz).

In DIN EN 61140 (**VDE 0140-1**):2016-11, Abschnitte 3.1.1 bis 3.1.3 werden die Begriffe Basis-, Fehler- und zusätzlicher Schutz wie folgt definiert:

**Basisschutz nach Abschnitt 3.1.1**

*„Schutz gegen elektrischen Schlag, wenn keine Fehlzustände vorliegen."*

**Fehlerschutz nach Abschnitt 3.1.2**

*„Schutz gegen elektrischen Schlag unter den Bedingungen eines Einzelfehlers."*

**Zusätzlicher Schutz nach Abschnitt 3.1.3**

*„Schutz gegen elektrischen Schlag zusätzlich zum Basisschutz und/oder Fehlerschutz."*

## J.2 Basisschutz

Der erste der in Kapitel J.1 genannten Grundsätze beschäftigt sich mit dem fehlerfreien Betrieb, bei dem „aktive Teile" entweder keine gefährlichen Spannungen annehmen oder nicht berührbar sein dürfen. Dies wird durch Schutzvorkehrungen für den Basisschutz erreicht, der in der Vergangenheit als „Schutz gegen direktes Berühren" bezeichnet wurde.

Als aktive Teile werden alle Teile einer elektrischen Anlage oder eines Betriebsmittels bezeichnet, die im fehlerfreien Betrieb eine Spannung annehmen können, wie z. B. alle Teile, die mit Außenleitern oder dem Neutral-/Mittelpunktleiter verbunden sind.

Basisschutz kann durch die Anwendung einer der folgenden Methoden erreicht werden:

- Verhindern, dass ein Strom durch eine Person oder ein Nutztier fließt,
- Begrenzen des Stroms, der durch eine Person oder ein Nutztier fließt, auf einen ungefährlichen Wert.

## J.3 Fehlerschutz

Neben dem ersten in Kapitel J.1 benannten Grundsatz muss immer auch der zweite Grundsatz berücksichtigt werden, der sowohl bei bestimmungsgemäßer Verwendung (ohne Fehler) als auch unter Bedingungen eines Einzelfehlers gilt. Das heißt, in dem Moment, in dem ein Einzelfehler auftritt, dürfen berührbare leitfähige Teile nicht gefährlich aktiv werden, was durch geeignete Schutzvorkehrungen für den Fehlerschutz sicherzustellen ist. Der Begriff Fehlerschutz wurde in der Vergangenheit als „Schutz gegen indirektes Berühren" bezeichnet. Berührbare leitfähige Teile sind dabei in der Regel Teile, die nicht zu elektrischen Anlage gehören.

Entscheidend ist, dass der Fehlerschutz immer gewährleistet sein muss und der gefährliche Zustand keine Berührung voraussetzt. Die Höhe und die Dauer, für die eine gefährliche Spannung abgreifbar wäre, sind in diesem Zusammenhang von Relevanz.

Fehlerschutz kann durch die Anwendung einer der folgenden Methoden erreicht werden:

- Verhindern, dass ein Fehlerstrom durch den Körper einer Person oder eines Nutztiers fließt;
- Begrenzung der Größe des Fehlerstroms, der durch eine Person oder ein Nutztier fließt, auf einen ungefährlichen Wert;
- Begrenzung der Dauer des Fehlerstroms, der durch eine Person oder ein Nutztier fließen kann, auf eine ungefährliche Dauer.

## J.4 Zusätzlicher Schutz

Für besondere Risikobereiche (z. B. Steckdosen) benötigt man eine für den zusätzlichen Schutz geeignete Schutzvorkehrung, die im Falle des Versagens von Basis- und Fehlerschutz als Schutz bei direktem Berühren zum Tragen kommt.

Als Unterschied zum Fehlerschutz – der wirken muss, bevor eine Berührung stattfindet – greift der zusätzliche Schutz ausschließlich im Falle einer direkten Berührung, bei der es zur Körperdurchströmung kommt.

Abschließend bleibt die immer wieder diskutierte Frage zu klären, ob eine Fehlerstrom-Schutzeinrichtung (RCD) ausschließlich für den zusätzlichen Schutz oder auch für den Fehlerschutz eingesetzt werden kann.

Hierzu gilt, dass im Falle der Schutzmaßnahme „automatische Abschaltung der Stromversorgung" oftmals Fehlerstrom-Schutzeinrichtungen (RCDs) mit einem Bemessungsdifferenzstrom von $I_{\Delta n}$ = 300 mA für den Fehlerschutz eingesetzt werden. Ergänzend kommen Fehlerstrom-Schutzeinrichtungen (RCDs) mit einem Bemessungsdifferenzstrom von $I_{\Delta n}$ = 30 mA zum Einsatz, um beim Versagen der Vorkehrung für den Basisschutz und/oder von Vorkehrungen für den Fehlerschutz oder bei Sorglosigkeit des Benutzers der elektrischen Anlage den geforderten Personenschutz zu gewährleisten.

**Bild J.1** gibt den Zusammenhang zwischen Basis-, Fehler- und zusätzlichem Schutz hinsichtlich des zu reduzierenden Risikos wieder.

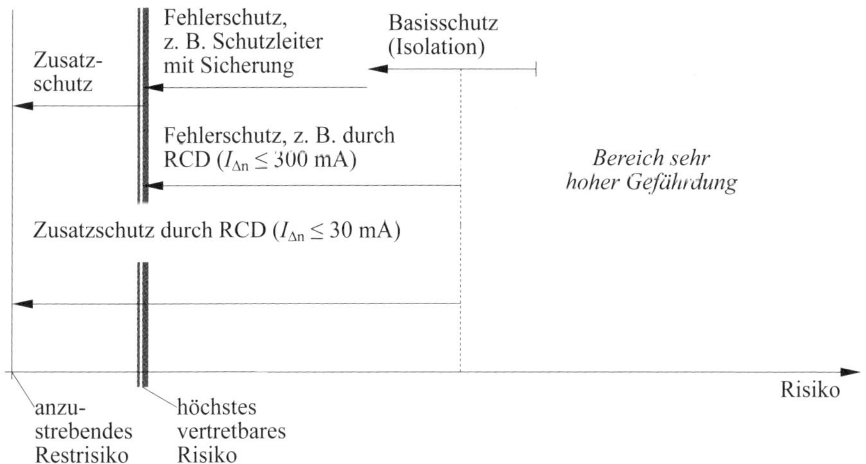


**Bild J.1** Zusammenhang Risikominimierung durch Basis-, Fehler- und zusätzlichen Schutz

# Anhang K – Normen und Recht – europäische Gesetzeslage für Ladesäulen

## K.1 Allgemeines

Nahezu alle Produkte fallen im Europäischen Wirtschaftsraum unter europäische Richtlinien und/oder Verordnungen, die allgemein eine CE-Kennzeichnung für das Inverkehrbringen im Europäischen Wirtschaftsraum fordern.

Ladesäulen fallen z. B. unter folgende Richtlinien/Verordnungen:

- Niederspannungsrichtlinie – LVD (2014/35/EU)[14] und
- EMV-Richtlinie – EMCD (2014/30/EU).

Falls eine Ladesäule ein Funkmodul beinhaltet, sind anstelle der LVD und der EMCD die Anforderungen der Funkanlagenrichtlinie – RED (2014/53/EU) zu erfüllen. Die Funkanlagenrichtlinie beinhaltet dieselben grundlegenden Anforderungen wie die LVD und EMCD sowie darüber hinausgehende spezifische Anforderungen.

## K.2 Anforderungen der EU-Richtlinien/EU-Verordnungen

EU-Richtlinien/EU-Verordnungen legen nur grundlegende technische Anforderungen fest. Die LVD nennt in ihrem Anhang I zehn grundlegende Anforderungen. Die EMV-Richtlinie beinhaltet lediglich zwei grundlegende Anforderungen, die ebenfalls in Anhang I zu finden sind.

[14] Gültig für elektrische Betriebsmittel, die innerhalb der Spannungsgrenzen AC 50 V bis AC 1 000 V und DC 75 V bis DC 1 500 V betrieben werden.

**Anforderungen der Niederspannungsrichtlinie (LVD) – Anhang I**

1. *Allgemeine Bedingungen*

   a. *Die wesentlichen Merkmale, von deren Kenntnis und Beachtung eine bestimmungsgemäße und gefahrlose Verwendung abhängt, sind auf den elektrischen Betriebsmitteln oder, falls dies nicht möglich ist, auf einem Begleitdokument angegeben.*

   b. *Die elektrischen Betriebsmittel sowie ihre Bestandteile sind so beschaffen, dass sie sicher und ordnungsgemäß verbunden oder angeschlossen werden können.*

   c. *Die elektrischen Betriebsmittel sind so konzipiert und beschaffen, dass bei bestimmungsgemäßer Verwendung und angemessener Wartung der Schutz vor den in den Nummern 2 und 3 aufgeführten Gefahren gewährleistet ist.*

2. *Schutz vor Gefahren, die von elektrischen Betriebsmitteln ausgehen können*

   *Technische Maßnahmen sind gemäß Nummer 1 festzulegen, damit*

   a. *Menschen und Haus- und Nutztiere angemessen vor den Gefahren einer Verletzung oder anderen Schäden geschützt sind, die durch direkte oder indirekte Berührung verursacht werden können;*

   b. *keine Temperaturen, Lichtbogen oder Strahlungen entstehen, aus denen sich Gefahren ergeben können;*

   c. *Menschen, Haus- und Nutztiere und Güter angemessen vor nicht elektrischen Gefahren geschützt werden, die erfahrungsgemäß von elektrischen Betriebsmitteln ausgehen;*

   d. *die Isolierung den vorgesehenen Beanspruchungen angemessen ist.*

3. *Schutz vor Gefahren, die durch äußere Einwirkungen auf elektrische Betriebsmittel entstehen können*

   *Technische Maßnahmen sind gemäß Nummer 1 festzulegen, damit die elektrischen Betriebsmittel*

   a. *den vorgesehenen mechanischen Beanspruchungen so weit standhalten, dass Menschen, Haus- und Nutztiere oder Güter nicht gefährdet werden;*

   b. *unter den vorgesehenen Umgebungsbedingungen den nicht mechanischen Einwirkungen so weit standhalten, dass Menschen, Haus- und Nutztiere oder Güter nicht gefährdet werden;*

   c. *bei den vorhersehbaren Überlastungen Menschen, Haus- und Nutztiere oder Güter nicht gefährden.*

**Anforderungen der EMV-Richtlinie (EMCD) – Anhang I**

1. *Allgemeine Anforderungen*

   *Betriebsmittel müssen nach dem Stand der Technik so entworfen und gefertigt sein, dass*

   a. *die von ihnen verursachten elektromagnetischen Störungen keinen Pegel erreichen, bei dem ein bestimmungsgemäßer Betrieb von Funk- und Telekommunikationsgeräten oder anderen Betriebsmitteln nicht möglich ist;*

   b. *sie gegen die bei bestimmungsgemäßem Betrieb zu erwartenden elektromagnetischen Störungen hinreichend unempfindlich sind, um ohne unzumutbare Beeinträchtigung bestimmungsgemäß arbeiten zu können.*

2. *Besondere Anforderungen an ortsfeste Anlagen*

   *Installation und vorgesehene Verwendung der Komponenten:*

   *Ortsfeste Anlagen sind nach den anerkannten Regeln der Technik zu installieren, und im Hinblick auf die Erfüllung der wesentlichen Anforderungen des Abschnitts 1 sind die Angaben zur vorgesehenen Verwendung der Komponenten zu berücksichtigen.*

## K.3 Harmonisierte Normen

Der Königsweg, die grundlegenden Anforderungen der EU-Richtlinien/EU-Verordnungen zu erfüllen, ist die Anwendung sog. harmonisierter Normen.

Eine harmonisierte Norm wird im Auftrag der Europäischen Kommission und EFTA von einer der drei europäischen Normungsorganisationen (CEN, CENELEC oder ETSI) erarbeitet und verabschiedet. Mit der Listung der harmonisierten Norm im Amtsblatt der EU unter der entsprechenden EU-Richtlinie/EU-Verordnung strahlt diese harmonisierte Norm die sog. Vermutungswirkung aus.

Mit dieser Vermutungswirkung geht die Beweislastumkehr einher. Das heißt, falls der Hersteller eine harmonisierte Norm verwendet hat und die Marktaufsicht anzweifelt, dass das Produkt gesetzeskonform ist, muss die Marktaufsicht den Beweis erbringen. Falls der Hersteller keine harmonisierte Norm angewendet hat, obliegt ihm die Beweispflicht, die Gesetzeskonformität zu beweisen. Wichtig ist, auf die Freiwilligkeit der Anwendung harmonisierter Normen hinzuweisen.

Abschließend soll im Folgenden noch auf den Unterschied zwischen den europäischen, harmonisierten Normen (EN) und den ebenfalls im europäischen technischen Regelwerk vorliegenden „Harmonisierungsdokumenten“ (HD) eingegangen werden.

Das Hauptcharakteristikum einer EN besteht darin, dass diese unveränderte durch das jeweilige Mitgliedsland wort- und formgetreu in das nationale Normenwerk übernommen werden müssen. Die Übernahme einer europäischen Norm in das deutsche Normenwerk geschieht in der Regel durch Hinzufügen der nationalen Titelseite. Weiterhin beinhaltet die Übernahmeverpflichtung einer europäischen Norm auch die Zurückziehung nationaler Normen zum gleichen Sachverhalt.

Ein HD ist in der Regel im Aufbau und in den technischen Aussagen identisch mit einer EN. Der entscheidende Unterschied besteht in der Form der Übernahme des Normentexts in das nationale Normenwerk, bei der nationale Ergänzungen zulässig sind. Dabei wird zwischen A-Abweichungen aufgrund von (Rechts- oder Verwaltungs-)Vorschriften außerhalb der Zuständigkeit des Mitglieds und B-Abweichungen aufgrund besonderer technischer Bedürfnisse (für eine festgelegte Übergangsfrist) unterschieden.

In der Konsequenz müssen die auf demselben Harmonisierungsdokument basierenden Normen der europäischen Länder nicht zwangsläufig identisch sein. Entsprechend einer EN gilt, dass alle entgegenstehenden nationalen Normen vor Ablauf einer festgelegten Frist entweder zurückgezogen oder angepasst werden müssen, um den technischen Anforderungen des neuen CENELEC-Schriftstücks zu entsprechen.

## K.4 Inverkehrbringen

Voraussetzungen für das gesetzeskonforme Inverkehrbringen von Ladesäulen im Europäischen Wirtschaftsraum sind insbesondere:

- Erstellung der technischen Unterlagen,
- Erstellung der EU-Konformitätserklärung,
- Aufbringen der CE-Kennzeichnung.

In den technischen Unterlagen muss der Hersteller dokumentieren, welche EU-Richtlinien er angewendet hat und wie er deren grundlegenden Anforderungen erfüllt.

Ebenfalls vor Anbringung der CE-Kennzeichnung und Ausstellung der EU-Konformitätserklärung muss das Produkt das in der jeweiligen EU-Richtlinie/EU-Verordnung festgelegte Konformitätsbewertungsverfahren durchlaufen haben. Dabei enthält jede EU-Richtlinie neben einem technischen Teil, der durch „harmonisierte Normen“ konkretisiert wird, einen Teil zur Konformitätsbewertung. Der reine Blick in die technischen Normen reicht demnach nicht aus, um die Anforderungen der Konformitätsbewertung zu erfüllen.

Für die EU-Richtlinien Niederspannungsrichtlinie (LVD) und EMV-Richtlinie (EMCD) genügen dabei die Herstellererklärung mit interner Fertigungsüberwachung.

Für die Funkanlagenrichtlinie (RED) gilt es zwischen den beiden folgenden Fällen zu unterscheiden:

1. Falls der Hersteller im Amtsblatt der EU unter der RED gelistete harmonisierte Normen verwendet, genügen Herstellererklärung mit interner Fertigungsüberwachung.
2. Falls keine unter der RED harmonisierte Norm zur Anwendung kommt, reichen für die sicherheitstechnischen und EMV-Anforderungen weiterhin die Herstellererklärung mit interner Fertigungsüberwachung. Für alle anderen, spezifischen Anforderungen muss der Hersteller jedoch eine notifizierte Stelle einschalten.

Bezüglich der Begrifflichkeiten ist zwischen der EU-Konformitätserklärung und der CE-Kennzeichnung zu unterscheiden. Es gilt: Die EU-Konformitätserklärung beinhaltet die Erklärung des Herstellers, dass sein Produkt die Anforderungen der relevanten EU-Richtlinien erfüllt, was er durch das Aufbringen der CE-Kennzeichnung auf dem Produkt darstellt.

Durch die CE-Kennzeichnung können der Verwender des Produktes sowie der Gesetzgeber davon ausgehen/vermuten (siehe Vermutungswirkung), dass das Produkt alle wesentlichen, d. h. öffentlich-rechtlich gestellten, Anforderungen – z. B. auf der Basis von technischen Spezifikationen wie harmonisierten europäischen Normen – erfüllt.

# Stichwortverzeichnis